70

柔らかヒューマノイド
ロボットが知能の謎を解き明かす

細田　耕　著

DOJIN SENSHO

まえがき

現在、世の中でわれわれの暮らしに役立っているのは、おもに工場の中で動いている産業用ロボットである。一九八〇年代に、線形代数や力学を用いて、ロボットの数理モデルをつくり、そのモデルに基づいた制御をコンピューターで実現する技術が確立すると、産業用ロボットはまたたく間に普及した。私が大学四年生で、研究室に配属になったのは一九八八年のことであるが、研究室での顔合わせのとき、当時の先輩に「細田君、残念やなあ。もうロボットの研究はほとんど終わってるわ。もう一〇年早く生まれるべきやったな」と言われたことを、はっきりと覚えている。

確かに当時、コンピューターの処理速度は遅かったが、すでにカメラを用いた画像処理や、数理モデルに基づくロボットの幾何学、動力学に関する研究、そしてモーターを動かすコンピューター制御の技術はあった。これらの技術は、現在でも産業用ロボットを動かすコア技術であり、ほぼ三〇年間、その内容は、ほとんど変わっていない。変わったのは、カメラなどのセンサーの処理や、制御をするためのコンピューターが信じられないくらい速くなったことと、モーターなどの機械要素の性能が驚くほど上がったことくらいである。基本的な理論は、一九八八年当時のまま、ほとんど変化していない。

ここ数年では、工場内でのロボットのパフォーマンスは、人間の熟練者を超えるようなものまで登場している。工場での人間の代替労働力として、双腕ロボットに関する研究も盛んに行われており、アプリケーションとなるプラットフォームも多数市場に出回ってきた。これらのロボットは金属やプラスチックなどの硬い材料でできており、コンピューター制御によって非常に高い精度の動きを実現することで、現在のようなパフォーマンスを生み出している。では、このようなロボットを引き続き研究し、より難しいアプリケーションへと対応できるように複雑化するだけで、ロボットは進化していくのだろうか。このままの研究の流れから、人間の代替としての「究極の」ヒューマノイドは生まれるのだろうか。

本書はこの問いに対して、「否」と答えるために、この一五年間、私と学生たちが積み重ねてきた実験の集大成である。皮膚やモーターの柔らかさは、これまで考えられている以上に重要であるし、人間の柔軟な構造についても、まだまだ明らかになっていないことが多い。第一、いまだに「人間と同じように作業ができる」ヒューマノイドロボットは、現れていない。

ヨーロッパやアメリカでは、ここ数年、ロボットの次のトレンドとして、「ソフトロボティクス」が注目を集めている。学会には、ソフトロボティクスの専門委員会ができて、新進気鋭の研究者が続々と参入し、柔らかいロボットが次々と発表されている。ソフトロボティクスのソフトが何を意味するかについては、研究者によってずいぶん定義が違う。ある人は、単に身体が柔らかいロボットをソフトロボットと言い、ある人は、ソフトウェアが柔軟なロボットをソフトロボットと呼ぶ。このようなソフトロボットが、現在存在する産業用の「硬い」ロボットを席巻していくのではないか、と考えられている。

そして、もう一つの潮流は、ロボットが人間化していく、ヒューマノイドロボットの流れがどんどんと強くなっていることである。ロボットが人間化していくことの理由については、このまえがきに書ききれるほど単純ではないが、突き詰めて言えば、人間はヒューマノイドが好き、ということにつきるのではないかと思える。本書を読み進めていけばわかっていただけることだと思うが、ヒューマノイドをつくることは、人間の知能の謎を解くということと強い関係があり、そしてとどのつまり、われわれは人間がどうして知能的であるかを、ロボットを通して、どうしても知りたいのだと思う。

本書では、これら二つのテーマ——ソフトロボティクスとヒューマノイド——を扱う。ヒューマノイドが人間と同等に知能的になるには、柔らかくなくてはならない、というのが本書のテーマである。そして、人間（あるいはさらに広く、生物全般）をロボットによってまねすることで、これまでにない新しいロボットをつくり、同時に生物の運動の原理を明かすことを目的としている。いわゆる生物模倣型（バイオミメティクス）とか、生物規範型（バイオインスパイアード）と呼ばれるロボット分野である。

ヒューマノイドという言葉は若干あいまいで、使う人によって、その言葉に含める意図がずいぶんと違う。第1章では、さまざまなヒューマノイドの定義について考え、その中から、柔らかいヒューマノイドが持つ意味について触れる。第2章から第7章までは、柔らかいヒューマノイドについて、私たちが行ってきた研究を、ハンド、腕、脚などの身体のパーツに着目しながら、考え方の変遷も含めて紹介していこうと思う。

生物模倣・規範型ロボティクスもまた、近年、ロボット分野で注目を集めている。ほとんどの研究が、生物の形や構造の中にある原理や意味を取り上げ、それを模倣したロボットをつくっており、いわゆるデザインをテーマとしていると言える。しかし本書では、生物模倣・規範型ロボットが、知能研究をするためにもっと重要な役割を果たすと考え、その役割を実現するために、三つの提案をする。

まずは、生物の構造（とくに柔軟性）をできるだけ忠実に模倣すること、である。ロボットは、設計者によってつくられるものなので、本来形に関する制約はない。しかし、自由に設計してよい、と考えてロボットを設計すると、その解が無限にあり、てっとりばやく答えにたどり着くことが難しい。生物は、自然淘汰の結果、知能的な行動を生み出すために、都合のいい身体を持っているはずであり、その構造をまねることが重要であるという考え方である。

二つ目は、ロボットの構造を漸次的に（だんだんと）複雑にしていくことである。最初からあまり複雑な構造をつくってしまうと、物事の本質を見失ってしまう。

そして三つ目が、多数の実験試行を通してロボットの性能を評価することである。くわしい説明は本文に譲るが、未知な環境に対応することができる生物型ロボットを評価するためには、この方法しかないことを説明する。

本書を読み進めるにあたって、これらの三つのポイントのどれに相当する内容であるかを意識しながら読んでいただくと、より理解が深まるのではないかと思う。

柔らかヒューマノイド　目次

まえがき　1

第1章　ヒューマノイドとは何か――人間に似せる理由　13

1・1　人間っぽさとは何か　13
見た目か、動きか／道具使用か／コミュニケーション能力か／環境の共有か／擬人化の問題

1・2　ヒューマノイドの用途　20
労働の代替／同じ形が必要か／環境変化に対応できる形

1・3　ヒューマノイドを使った構成論的研究　24
アリを理解するためのロボット、サハボット／人間を理解するためのロボット、ヒューマノイド

1・4　柔らかいヒューマノイド　29

第2章　ヒューマノイドの柔らかな手――手の構造をまねる　33

2・1　分割統治と硬いロボット　34
減速機がもたらすロボットの硬さ／ロボットの硬さとセンサー／分割統治の代償

2・2　手の柔らかさの役割　39
拮抗構造がもたらす柔らかさ／劣駆動がもたらす柔らかさ／観測して行動するか、行動して観測するか

2・3　柔らかい手が生み出す感覚　44

2・4　感覚をまたぐ学習　51
触覚センサーによる観測／皮膚の柔らかさによるフィルター／柔らかい指とすべり感覚
2・5　物体の認知へ　55
情報を得るための文脈／視覚と触覚をまたぐ学習
2・6　人間を模倣するということ　61
センサーの増加と情報の爆発／物体への働きかけ／環境に働きかけて情報を生み出す

第3章　ロボットのドア開けはなぜ難しいか――腕の構造が生み出す知能　65
3・1　人間の腕とロボットアーム　65
柔らかな関節と投擲《てき》／複雑な筋骨格系
3・2　身体の構造と環境の関係　70
思考実験：ドアノブはどこに？／自動的に生み出される振る舞い／環境と振る舞いを記述する
世界座標系／世界座標系が生み出す問題／人間型筋骨格のつくる空間

第4章　歩きだす柔らかいヒューマノイド――受動的二足歩行　79
4・1　人間型二足歩行　80
見た目をまねするだけでは歩けない／ヒューマノイドの歩行制御
4・2　前に倒れ続ける受動歩行　84
「受動歩行」の原理／受動歩行が興味深いわけ／受動歩行を後押しする

4・3 拮抗駆動 90
二本の筋で実現される拮抗駆動／拮抗駆動によって速度を変える

4・4 受動的歩行 94
受動的歩行の分類／受動的歩行のエネルギー効率／受動的歩行の安定性

4・5 柔らかい歩行ロボット 98
身体の硬さと床面の変化／状況に応じた柔らかさの変化

4・6 地面を感じるロボット 102
硬いロボットは外界センサーによって環境を感じる／柔らかいロボットは自己受容センサーによって環境を感じる

第5章 ヒューマノイドの歩行を人間に近づける——少しずつ複雑さを増す 105

5・1 三次元受動歩行 107
三次元受動歩行の実現／実験的に複雑さを増す

5・2 歩いてみてわかること 111
受動的歩行を三次元に拡張する／非線形性の壁／歩行可能なパラメーターの発見／歩行可能なパラメーター周りの探索

5・3 上体を持つ受動的歩行ロボット 118
受動的歩行ロボットへの上半身の付加／理論的アプローチと実験的アプローチ／漸次的に複雑さを増すことによる三次元二足歩行の実現

5・4　立ち止まれる足部　126
立ち止まれる足裏の形／足首関節の柔らかさと円弧足／足首関節の柔らかさが招く問題
5・5　複雑さの増加と質の変化　132
複雑さの増加の限界／二次元での知見は三次元では役に立たないか
5・6　がに股の歩行ロボット　135
赤ちゃんのがに股／がに股仮説／赤ちゃんの観察実験／赤ちゃん実験からわかったこと
第6章　跳躍するヒューマノイド――柔らかさの構造と構成論的研究　147
6・1　止まって、歩いて、走るということ　148
歩行ロボットと走行ロボットの違い／歩行・走行・跳躍を実現する人工筋ロボット
6・2　二関節筋　153
二関節筋がないときのパラメーターチューニング／二関節筋による末端質量の減少／二関節筋による関節の連動／人工筋ロボットでの実験による検証／着地を検出するセンサー／筋骨格構造が計算を代替する
6・3　柔らかさを形づくる　164
着地の衝撃を吸収する人工筋／跳躍を安定させる構造／反応の悪いモーターで跳躍を安定化する
6・4　三次元二脚ロボットの跳躍　169
ロボットが一本脚である理由／二本脚での跳躍の難しさ

6・5 局所的反射 173
左右のバランスを取る／反射と姿勢制御
6・6 構成論的研究 177
人間を理解するために／柔らかな身体仮説

第7章 柔らかヒューマノイドは環境の変化に対応できるか 183
7・1 モデルベーストロボティクス 184
既知環境で動く産業用ロボット／産業用ロボットとモデルベーストロボティクス／未知の環境に対応する能力
7・2 環境と身体の相互作用 188
環境のモデル／ロボットと環境モデルの依存関係
7・3 繰り返し実験による未知環境への適応性評価 192
複雑で不定な環境をモデル化できるか／環境のゆらぎに対応するための繰り返し実験
7・4 コンピューターシミュレーションの功罪 196
シミュレーションの利点／シミュレーションへの違和感／限界のある環境のゆらぎへの対応
7・5 繰り返し実験と適応性を生み出す並列性 202

おわりに――動き続けるロボットをつくるために 205

第1章　ヒューマノイドとは何か——人間に似せる理由

本書では、ヒューマノイドロボットを話の対象にしている。「ヒューマノイド」という言葉が世の中に定着して久しいが、その定義について考えると、思ったよりもあいまいだということがわかる。本章ではまず、ヒューマノイドロボットとは何かについて考え、その後、ヒューマノイドロボットが柔らかいことが、どのような意味を持つかについてくわしく見ていくことにしよう。

1・1　人間っぽさとは何か

見た目か、動きか

ヒューマノイド（＝人間もどき）という言葉は、いつの間にかわれわれの中に入り込んできた。ヒューマノイドロボットとは、人間もどき、あるいは人間っぽいロボットという意味なのだが、少し考えてみると、人間っぽさをきちんと表現するのは難しい。人間っぽさとは何かが、人によってかなり違うからである。見た目を重視する人から見れば、とにかく顔（あるいは、人間でいえば顔に当たる位置にあるパーツ）に目、鼻、口などが人間らしく並んでいる構造、あるいはそれを状況に応じて動かす仕組み、手や体によって人間らしいジェスチャーを見せられることが、ヒューマノイドとして重要になる。

その一方で、二足で歩いたり、走ったりすることが、人間と動物のもっとも顕著な違いであって、これがないととても人間っぽいとは言えない、と主張する見方もある。

車輪で移動するロボットは、重心が床から一定の距離を保っているので、床を滑るように移動するのに対して、二足ロボットの場合、身体を人間のようにゆすりながら歩く。はたから見ると、明らかに後者のほうが人間っぽい外見になる。人間のように移動しているものを、人間と感じるこの感覚は、学術的には、もう少しくわしく説明されている。

暗闇の中で手と足の先や、肘、膝、胴体など、ポイントとなる点に光るマーカーを付け、真っ暗な部屋に入り、身体のほかの部分が見えない状態にする。マーカーを付けられた人が止まっているとき、暗闇にいくつかの点が光っているだけでは、人間の形全体はわかりづらい。しかし、いったんその人が動き出すと、暗闇でいくつかの光点が動いているだけなのに、その動きを人間の動きと感じることが知られている。マーカーの位置や数が多少変化しても、そして、それらのマーカーが身体のどの部分に付けられているかがあらかじめわかっていなくても、ほぼ問題なく感じ取ることができる。一方で、マーカーが、人間に付けられたものではなく、ランダムに動いているときには、その動きに人間を感じることはない。人間の動きがもたらすこのような光点の動きを、「バイオロジカルモーション」と呼ぶ。人間には、このようなバイオロジカルモーションだけで、そこに人間を感じる能力がある。そして誰もが、バイオロジカルモーションから人間を感じるということは、人間と同じように身体を動かすことが、見た目が人間に似ているということと同じように、人間らしくあるための重要な要素である、と考えてもよさそうである。また、ヒューマノイドには、このような人間らしい動きが必須だとすると、二足移動してもらわないと、と考えることにも無理はないように思われる。

道具使用か

いや、やはり、道具を器用に使うことができる手が付いていないと人間っぽくない、と考える人もいるかもしれない。人間が、ほかの動物に比べて格段に知能的であることを示す重要な振る舞いが、道具使用である。人間の手は、進化の結果、親指がそのほかの指の向かい側に付いている（対向している）が、このような手の構造は、道具のつかみやすさにつながる。そして、この対向構造が、人間が道具を器用に扱えることと関係していると考えられている。ヒューマノイドの手が同じような構造を持ち、人間が使う道具を、形などを変えずにそのまま問題なく使えなければ、人間と共通の環境で人間とともに作業することは難しいだろう。道具を器用に扱うことが、人間特有の知能に非常に重要であることを考えると、人間と同じものを、同じように操作できなければヒューマノイドとして失格であると考えるのにも、無理はないように思える。

コミュニケーション能力か

ヒューマノイドというからには、人間と接触しながら、コミュニケーションがきちんと取れることが大切、と考えることもできる。人間と共通の環境で動作することを想定すれば、もちろん、人間との接触は避けられない。もし、ロボットが硬く冷たい身体を持っており、人間と「衝突」するようであれば、そこに人間を感じることは難しそうである。たとえば、握手したときに不自然に感じないように、手には柔らかい皮膚があることが重要であるように思える。そして、ロボットの手が接触するのは、人間だけではなく、コップやいす、ペンなど、人間と共有する環境に存在するさまざまなものである。その手が柔らかく、皮膚にはセンサーが入っていて、触ったものが、温かいか冷たいか、丸いか四角いか、を感じ取ることができたとすると、同じものを見て、同じものを触ったときに、その感覚を人間と共有できるロボットができるだろう。本当に、感覚を共有するロボットができれば、その外見が多少人間っぽくなくても、ヒューマノイドと呼びたくなる気持ちになるのではないだろうか。

一方で、視覚が備わった頭部を持つヒューマノイドに、あるものを見続ける（注視）行動と、しばらく見続けたら見るのをやめる（慣れ）行動をプログラムすると、その動きがとても人間っぽく見える、という研究がある。物音がしたり、止まっているものが動き出したり、部屋に新しく誰かが入ってきたりしたら、そのもの（人）の動きを追いかけるように頭部および眼（カメラ）を動かし、注視するようプログラムする。そして同時に、一定の時間注視すると、適当に別の対象を探索し、そちらに注視を移すような、慣れの行動もプログラムする。これら二つの行動を組み合わせると、たとえば、突然扉を開けて人が入ってきたらそちらを見、しばらく見続けたあと、興味を失って手元の本を見、そしてしばらく経つと周りのものにぼうっと視線を移す、など、とても人間を感じさせる行動をとらせることができる。このように、視覚に関するいくつかの行動がプログラムされた注視システムが、生物を感じさせる重要な点であるとも考えることができる。

環境の共有か

ロボットは、いろいろな意味で、人間の形に似せてつくられることが多い。たとえば、自動車の組み立てラインでよく見られる、垂直多関節型と呼ばれるロボットについて考えてみよう。このタイプのロボットは、台座に二個のモーターがあり、それらによって駆動されるリンクの先に一つのモーター、さらにリンクがあり、その先に三個のモーターがある、という構成が一

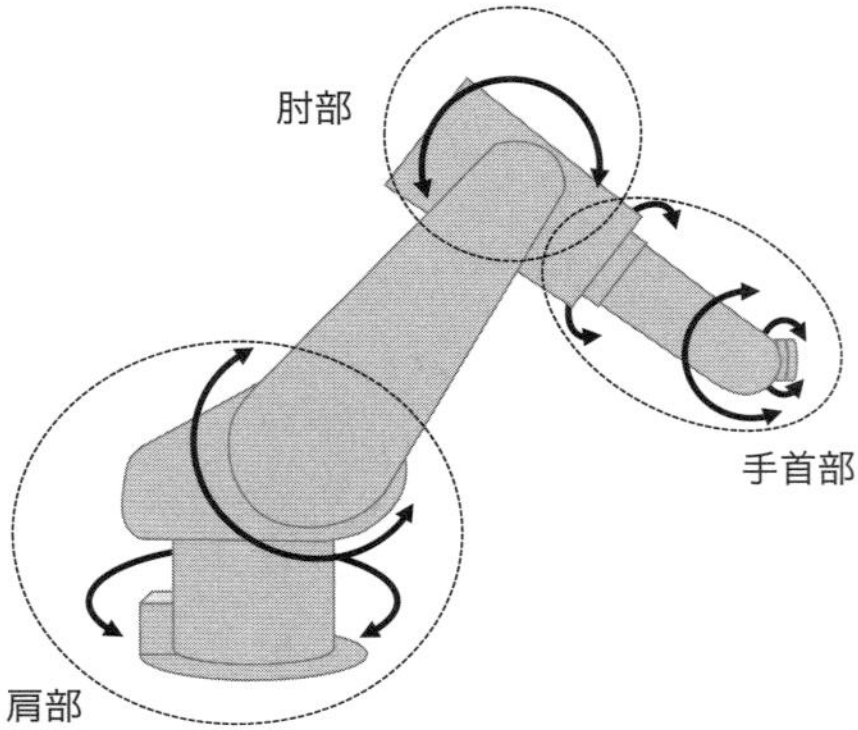

図1－1　垂直多関節型ロボットアーム。根元から二つのモーターを肩、一つのモーターを肘、三つのモーターを手首と呼ぶ。別名は、PUMA型ロボットアーム。

般的である（図1－1）。これは、もともと人間の腕の構成をまねたものである。台座部分の三つのモーターは人間の肩に相当し、中央のモーターが肘に、そして先端の三つのモーターが手首に相当する。この構成は、ライン上を流れてくる対象物に対して、真上からアプローチすることができるので、ラインの横からたくさんのロボットが手を出して作業をするような状況に合っている。

このようなロボットは、本来、人間の形に似る必然性はないが、人間と同じような関節の配置をすることによって、もともと人間が作業していたラインで、同じように作業をさせやすい、プログラムするときも、たとえば対象物に対してどのように手先を近付けるかといった動きを、人間のそれに似せてつくりやすい、といったメリットがある。その結果、人間に似たモーターの配置になったのではないかと思われる。そして、これらのロボットが、ライン上ではかの作業員と作業をともにすることになると、同じ作業環境を共有する、という意味でも、つい、ロボットにも人格を投影することになる。人間と同じような運動ができたり、人間と同じ作業環境を共有できたりすることも、人間らしさに関係しているようである。

自分はこう思う、という「人間像」は人それぞれで、おそらくこだわりがある人も少なくないと思うが、こうやって考えてみると、一般的な人間っぽさをきちんと決めるのはなかなか難しそうである。

擬人化の問題

さらに問題をややこしくしているのは、人間がいろいろなものに人格を投影してしまう、「擬人化」の傾向があることである。たとえば、自動車をしばらく動かさなかったあと、久しぶりにエンジンを動かすと調子が悪い。「こいつ、しばらくかまってやらなかったから機嫌が悪い」と、感情などないはずの自動車を擬人化してしまった覚えがないだろうか。あるいは子供のころ、昆虫を捕まえて、指でつついたときに、進む方向を変えている様子を、「つつかれるのを嫌がって方向を変えている」と思ったことはないだろうか。その当事者であるカナブンは、単に触角に入ってきた物理的刺激に対して、歩行する方向を変える反射を実現しただけなのかもしれない。もちろん、昆虫にも感情のようなものがないとは言わないし、おそらく存在するだろうとは思うが、それにしても、人間と同じように感じているように思えるのは、この擬人化の傾向のなせるわざである。

このように、対象が無機物でも、場合によっては、道端の石ころにさえ人格を投影してしまう傾向は、人間っぽさの境界線をますますあいまいにしてしまう。人工知能学者のデビッド・マクファーランドは、このような傾向を「人間には、擬人化という不治の病がある」と表現しているが、この不治の病を乗り越えてまで、人間っぽさを考えるべきなのだろうか。

1・2 ヒューマノイドの用途

人間っぽさを正面から考えるのではなく、ロボットが人間の代わりを務めることができれば、そのロボットをヒューマノイドと呼ぼう、という考え方もあるだろう。ロボットが人間と同じ状況で、人間と同じように役に立つのであれば、それを人間っぽさの指標にすることができそうである。

労働の代替

最近では、工場のラインに、人間に代わって並び、仕事をするロボットがいる。二足で移動することは難しいが、人間と同じように二つの目で見て、おおよそ人間の腕や手が持っているのと、同じ数と向きの関節が付いている二本の腕と、ものをつかめる手があり、人間と同じように、ライン上に流れてくる製品に、部品を組み付けることができる。人間に似たような形をしたロボットには、人間と同じように動きを教えることができるため、ロボットにそんなにくわしくない人でも、作業の仕方を簡単に教えることができるのではないかと期待されている。

二〇一二年から二〇一五年まで行われた、アメリカ国防総省のプログラム「ロボティクス・チャレンジ」は、人間の代わりに、車に乗って災害現場に行き、階段など人間が使う施設を利用して移動、ターゲットとなるバルブを回すヒューマノイドロボットを開発することが目的であった。ロボットという言葉は、もともと労働という言葉からきていることを考えても、われわれにとって、労働という意味で何かの形で役に立つということが、ヒューマノイドロボットの定義としては妥当のように思える。

同じ形が必要か

そもそも、ロボットはヒューマノイドであるべきかどうか、という問いは、われわれヒューマノイドロボット研究者に、常に投げかけられていると言っていい。確かに、労働の代替としての性能を突き詰めると、人間としての形より、性能に特化した形のほうが有利である。たとえば、食器洗いをするだけの目的であれば、ヒューマノイドロボットによって、一枚一枚お皿を洗うよりも、大型の食洗器を使うほうが効率的である。人間のように複雑な構造をしていれば、当然壊れやすく、故障も多い。もっとも典型的なのが身体の移動で、移動速度や、エネルギー効率を考えると、二足歩行よりは、車輪移動のほうがはるかに優れている。その意味で、人間っぽいロボットの必要性はない、と考えることもできるだろう。では、ヒューマノイドロボットを研究する必然性は何だろう。

環境変化に対応できる形

人間が入れないような災害現場にロボットが入る場合、状況はあらかじめ想定できない。ロボットは未知の現場に行き、そこで作業をしなければならない。ある特定の作業に特化して設計されたロボットの場合、災害現場のような環境では、あらかじめ想定された作業がそのままできる場合はよいが、想定されない状況になったときに、それに適当に対応できるかどうかは、まったく予想できない。あらかじめ、状況をできるだけたくさん想定し、対応するハードウェアとプログラムをつくっておけばいいじゃないか、と考えるかもしれないが、あらかじめ想定できる状況は限られており、想定外のことは常に起こりうるということを考えれば、根本的な解決にはなりそうにない。ロボットを外部から遠隔操作することによって状況の変化に対処することも考えられるが、ロボットを操作するオペレーターが、あらかじめ作業に特化して設計されたようなロボットを、上手に使うことができるかどうかもわからない。

一方で、ロボットが人間らしい形をしていれば、ひょっとすると、オペレーターが実際にその現場に行った気分になって〔実際にバーチャルリアリティー（仮想現実感）の技術を使えば、それを実現することは可能である」、自分がどのように対処するかというノウハウを、直接ロボットに投影することができるかもしれない。状況をあらかじめ想定する代わりに、オペレーターの適応能力に任せてしまおう、という考え方である。ロボットとオペレーターが同じ構造をしていれば、オペレーターは、あたかも自分の身体を使うように操作できることが期待される。たとえば、腕をどんな角度にして壁を押せば大きな力が出るか、あるいはできるだけ手先を早く動かすことができるかは、自分の経験から想像した結果を、ほぼ信用することができる。一方で、ロボットの身体構造がオペレーターと大きく違う場合には、たとえば、できるだけ大きな力を出したいと思っても、どのような姿勢をとればよいかが直感的にわからず、うまく使いこなすには時間がかかるだろう。とくに、オペレーターがロボットについて、技術的にあまりくわしくない場合、どうやればうまく力を出すことができるかを、すぐに体得するのは難しい。ロボットが自律的に動く場合でも、災害現場がビルなどの人工物であった場合、その環境はもともと人間にとって使いやすいものであった可能性が高いため、人間の形をすることが有利に働く場合もあるだろう。

労働は、必ずしも物理的な仕事だけではない。人間そっくりの外観をしたアンドロイドが肩代わりする労働は、接客や応対である。人間の代わりに、人間に対するサービスを提供するのであるから、代替という意味で、ヒューマノイドロボットと定義することは自然である。しかし実際に、人間そっくりの風貌を持つアンドロイドをつくることは、本当に必要なのだろうか。

たとえば、モニターにアバター（仮想的なキャラクター）を映し出すほうが、コストは低いし、変更などの使い勝手もよい。おそらく、そのときにもっとも問題となるのは、ロボット、あるいはアバターの、人間としての存在感ではないだろうか。しかし、人間としての存在感が、実体のどの部分にもっとも顕著に表れるかがわからないとすると、人間全体を複製してしまう、という方向で正解なのだろう。ヒューマノイドとしての人間っぽさは、実は、未知の環境（ここでは、災害現場やコミュニケーション相手の人）への適応性と強い関係があるのではないだろうか、と考えることができる。

1・3　ヒューマノイドを使った構成論的研究

外観が人間そっくりのアンドロイドには、このような接触や応対といった労働の代替という意味のほかに、非常に重要な役割がある。外見がとてもよく似ていても、アンドロイドは人間とは違う。では、その違いがどのくらいあれば、コミュニケーション相手の人間にとって違和感があり、どこまで同じであれば、違和感がないのだろうか。外見が同じならいいのだろうか、それとも動きが重要なのだろうか。外見が酷似していると、かえってちょっとした違いから、大きな違和感を覚えるという心理的な効果は「不気味の谷」と呼ばれている。この谷の深さは、アンドロイドの外見や、運動をコントロールすることによって測ることができるかもしれない。

このように、人間を調べるためのツールとしてヒューマノイドロボットを使うという考え方は、労働の代替とは違う、新しい考え方である。

アリを理解するためのロボット、サハボット

人間に限らず、生物が、どうしてある行動を取るかのからくりを調べるために、その生物そっくりのロボットをつくり、その内部構造を考えることによって、生物の情報処理あるいは知能を知ろうという研究がある。このような研究を、生物の「構成論的研究」という。

スイス・チューリッヒ大学のロルフ・ファイファー教授とレディガー・ヴェナー教授がつくった砂漠アリのモデルロボット「サハボット」は、その一例である（図1-2）。両教授は、砂漠に住むアリが自分の巣穴から出て餌を探し、まっすぐに巣穴に戻ることができる能力が、どのようにアリの内部にプログラムされているかを研究していた。このように、自分自身の場所を知り、目的の場所まで移動することを「ナビゲーション」と呼ぶが、砂漠でのナビゲーションは、木や草、石ころがある環境でのそれに比べて、目印が少ないという意味で、はるかに難しい。もし、アリの周りに、目標となるものがいろいろあれば、それらの場所を頼りに、自分の巣に帰ることができそうだが、砂漠の場合、周りに目立ったものがほとんどない。アリが、自分の通った道筋に目印になるフェロモンを残し、それをたどってナビゲーションする、ということも知られているが、砂漠アリの場合、フェロモンを地面に残そうとしても、砂が風に飛

図1－2　サハラ砂漠で、自分の位置を検出するサハボット。ロボットには、車軸の回転センサー、全方位センサー、偏光センサーといった、アリが持っているであろうセンサーが取り付けられている。レディガー・ヴェナー教授、ロルフ・ファイファー教授提供の写真を改変。

ばされて、あっというまにわからなくなる。

生物学者の研究によると、砂漠アリには、太陽の偏光を感じるセンサーがあり、これをもとに巣穴に対する自分の位置を知ると言われている。砂漠の中では太陽光には事欠かないので、この仮説は正しいように思われるし、実際に偏光を観測することができるセンサーがアリにあることも観察されている。そこで、偏光を用いたアリのナビゲーションのメカニズムをくわしく知るために、両教授がつくったのが、砂漠アリの観測システムをまねたサハボットである。

サハボットには、車輪の回転量を測るセンサー、周りを見渡すことができる全方位センサーと、いくつかの偏光センサーが取り付けられており、それぞれアリの持っているセンサーを模擬している。このロボットが、実際に砂漠で自分の位置を知り、目的の場所に移動する「プログラム」を実現するために、教授たちは、アリの脳内に見つかっている神経を模擬した、ニューラルネットワーク（神経回路）を使った。そして、いくつかの異なった偏光方向を持つ偏光センサーの値を、このネットワークに入力し、実際にロボットが、どの方向を向いているか知ることができるかを試した。

その結果、もともとアリで見つかっていたネットワークだけでは、どうやってもロボットの方向を完全に決めることができないということと、あるニューロンを加えることでそれが解決できるということがわかった。実際、後日のアリの解剖研究によって、それまでは知られていなかったこのニューロンが、存在することがわかったのである。

人間を理解するためのロボット、ヒューマノイド

人間の場合も、この砂漠アリの構成論的研究のように、ロボットをつくることによって、人間の知能が、どのように実現されるかを知ることができる可能性がある。これが人間の構成論的研究であり、そのために使われるロボットは、人間の知能的な行動を再現することができるヒューマノイドである。人間のある機能を備えたヒューマノイドをつくり、それを人間と同じ環境に置いて、さまざまな振る舞いをつくり込む。つくり込む過程で、当初は考えていなかっ

た、人間が持つ環境に関するある特徴を利用しないとその振る舞いが実現できないことがわかれば、ロボットをつくることを通して人間の振る舞いの原理を知ることになる。あるいは、人間と同じ環境内で学習するようなヒューマノイドロボットの場合、どのような学習過程を経るかを観察することによって、人間の学習についての新しい知見が得られるかもしれない。行動をつくり込んだり、学習させたりした結果と、人間で観測されている事実を突き合わせて、人間の知能に関する新しい知見を得ることができる。

ここで、環境とはもちろん、コミュニケーションする相手も含んでいる。環境の一部に人間を含んでいるようなシステムの場合、ロボットにどのような外見をつくり込めば、ロボットを人間らしく感じるのだろうか。あるいは、どのくらい内部のプログラムをつくり込めば、それを見た人間が、ロボットを人間と錯覚してしまうのだろうか。このように、構成論的な研究に用いられるロボットは、これまでのロボットのように、人間の代わりに労働するだけでなく、人間を知るための道具として用いられることになる。

これまで開発されてきた産業用ロボットは、人間の使う道具の延長に過ぎず、制御される対象でしかなかった。設計者がロボットに役に立つ行動をプログラムし、あらかじめ理論でわかっていることを物理的に実現して、労働を代行する、その対象でしかなかった。しかし、構成論的研究のために用いられるヒューマノイドロボットは、人間を知るための科学的なツールとしての役割を果たす。その意味で、構成論的研究に用いられるロボットは、ロボットの新しい方向性であると考えることができる。

本書でこれから登場するヒューマノイドロボットは、構成論的な研究に用いられる、人間を知るための科学的道具として用いられるものばかりである。ヒューマノイドロボットの新しい使い方を広め、また、人間に対する新しい知見を発見することが、本書の目的である。言葉を替えれば、理論の検証のためのロボットではなく、仮説生成のためのロボットをめざしているということである。この裏にはもちろん、人間を理解し、人間の知能の謎を解きたいという強い欲求があることは言うまでもない

1・4 柔らかいヒューマノイド

ヒューマノイドを単純に定義することはなかなか難しく、一筋縄ではいかないということがわかっていただけたかと思う。そして、本書で重要なのは、「柔らかいヒューマノイドロボット」を考えることである。人間は柔らかい皮膚に包まれており、環境と接触するときには、その柔らかさが非常に重要になる。また、人間の身体は、筋肉によって骨格が動く構造になっており、筋肉の活動を下げることによって、関節に柔らかさを生み出すことができる。このような柔らかさが、人間の知能にとって必要不可欠である、というのが本書で理解していただきたいもう一つのポイントである。

これまでも、ロボットには柔らかさが重要であるということは指摘されてきたが、そのほとんどは、環境を人間と共有するロボットは、衝突しても安全でなければならない、という意味での柔らかさであった。接触しても怪我をしたりしない、という柔軟性である。しかしそれ以外にも、人間を含む動物の知能には、身体の柔らかさが大きくかかわっているという考え方が、最近のロボティクスのトレンドになってきている。この分野は「ソフトロボティクス」と言われ、たとえば、イモムシの身体の柔らかさとその移動の仕方の関係や、ハエの羽の柔軟構造と飛び方の関係など、生物の柔軟性と知能的な行動との関係について、さまざまな研究が行われている。

われわれが何かをつかむとき、関節や皮膚の柔らかさは、その対象となる物体をしっかりとつかむのに非常に重要である。柔らかい関節によって、指全体の形は対象物になじむことができる。そして、皮膚が柔軟性を持つことによって、対象物との接触面積が増え、結果的に摩擦力を増やすことになり、よりしっかりと対象をつかむことができる。一方で人間は、自分の指先の形が細く変化する様子を逐一観察したり、制御したりしているわけではない。関節や指の柔らかさによって、脳による計算をせずに、勝手に変形している。これは、関節や皮膚の柔らかさが、脳の計算的な負担を下げている、と見ることもできる。

人間の足部もまた柔らかい。この足部の柔らかさは、地面との接触面積を増やすことにつながり、また地面の細かい凹凸を吸収することによって、地形のわずかな変化が、身体の姿勢全

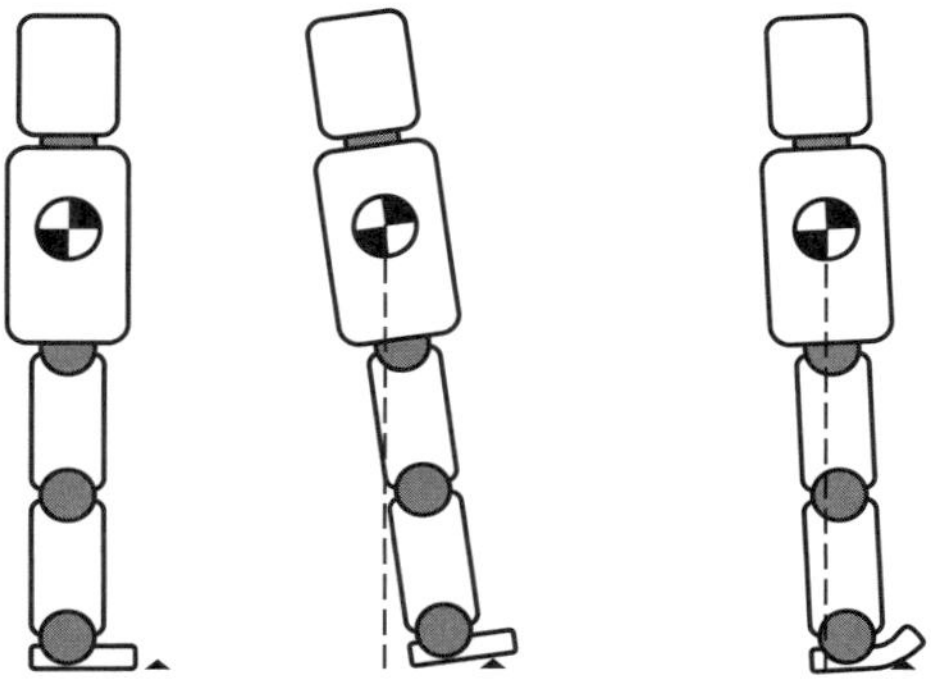

図1－3　平たい足のロボット。足が柔らかければ、地面の凸凹で倒れることはないが、足が硬いと重心が足の面からはみ出て、転倒してしまう。

体に及ぼす影響を小さくすることにつながっている。もし人間の足部が、これまで開発されてきたロボットのように、硬い平板であれば、地形のわずかな変化が、床に対する足部の角度の変化につながる。足の部分ではわずかな角度の変化でも、頭部までの長さをかけると、頭部のずれとしては大きなものとなり、その結果バランスを崩すことにつながりやすい（図1－3）。

筋骨格系がもたらす関節の柔軟性もまた、人間の行動に重要な役割を果たす。たとえば、ドアノブをつかんで扉を開けることを考えてみよう。ドアノブは扉に固定されているので、それを開ける動作をしている間、ノブが描く軌跡は、ドアのヒンジを中心とした円弧となる。つまり、ノブをつかんだままドアを開けようとすると、この円弧からノブの位置と姿勢を再計算しなければならず、計算としては非常に厄介になる。ところが、ノブを動かす腕がある程度柔軟であれば、その動きがノブに「勝手に」ついていくために、計算は必要ない。これもまた、脳の計算的な負荷を下げることにつながる。

脳の負荷を抑えながら、知能的な行動をするために柔らかい身体が重要である、という例を三つあげたが、一方で、ただ単に柔らかいだけでもだめである。柔らかい手は、対象になじんでしっかりしたつかみを提供する一方で、つかんだ対象物を、目的の場所に精度よく運ぶことが要求される。足部は、柔らかく地面になじむだけではなく、体重を支える必要がある。ドアノブをつかんで開ける動作も、ドアを押す方向に柔らかすぎると、硬いドアを開けることはできない。つまり、単に柔らかいだけから一歩進んで、ある方向には硬く、ある方向には柔らかい、あるいは、ある時刻には硬く、ある時刻には柔らかいなど、ヒューマノイドによって知能的な行動を生み出すために、「構造化された柔らかさ」が非常に重要なのである。本書では、さまざまな実験結果を示すことによって、このような構造化された柔らかさの役割を見ていきたいと思う。

第2章 ヒューマノイドの柔らかな手
——手の構造をまねる

筋肉には引っ張られると伸びる柔らかさがある。人間の身体はこのような柔らかい筋肉に動かされているので、外から力がかかるとそれに応じて姿勢を変える。また、人間の身体は柔らかい皮膚でおおわれている。これら筋骨格の柔らかさと、皮膚の柔らかさは、ただ柔らかいというだけではなく、方向によって柔らかさが変わったり、筋肉の活動によって柔らかさが変化するなど、ある種の構造を持つ。本章では、このような人間の構造的な柔らかさをまねすることによって、ロボットハンドに、人間の柔らかい手のような知能的な振る舞いができるかを調べてみよう。

2・1　分割統治と硬いロボット

減速機がもたらすロボットの硬さ

複雑なシステムを設計し、それを制御するにあたって、設計者にとってもっとも単純なのは、ロボット、環境をいくつかの独立な（互いに干渉し合わない）システムに分けてモデル化し、それらが結合したシステム全体が、望みの振る舞いをするように制御則を考えるような、いわゆる「分割統治」の枠組みである。分割することによって問題を単純化することができるし、分割して考えた結果は、単位が小さく単純な構造を持っているので、別の対象に対しても再利用できる可能性がある。こうして、部品化して再利用することが、全体の効率を上げることにつながる、と考えられてきた。

このような分割統治の考え方と、これまで多くのロボットを駆動するために使われてきた、電気モーターと減速機の組み合わせには、実はある関連がある。一般的に用いられる電気モーターが出すことができるトルク（回転軸まわりの力のモーメント）は、直接ロボットを動かすには足りない。ほとんどの場合、たとえば回転数を一〇〇分の一として、その代わりにトルクが一〇〇倍となるような減速機が使われる。そして、減速機の摩擦はたいていの場合、かなり大きい。このような摩擦は、モーターについての制御と、ロボット全体の制御を分離することになる。

もう少しくわしく説明しよう。減速機に摩擦がある場合、外から力をかけてロボットの関節を動かそうとすると、減速比の分だけ大きな力が必要になる。そして、ロボット全体の速度も減速比の分だけ遅くなる。その結果、ロボット全体が動くことによって生じる慣性力（身体の勢い）は、摩擦力によって（摩擦力のおかげで？）、モーターにほとんど影響を及ぼさないことになる。言い換えれば、ロボットは、ある関節のモーターを望みの角度まで動かすのに、自分の身体のほかの部分がどのような動きをしているかをほとんど無視できる、ということである。減速機を介して駆動される関節は、外からの力を無視して動き続ける。つまり、モーターの制御を、ロボットが外から受けている力から、分離することができる。

外からの力を無視してモーターが動き続けるということは、逆に言えば外からの力に反応しないということであり、外から見れば身体が硬くなることを意味する。このように、減速機によってもたらされる身体の硬さと、モーターごとに閉じた角度制御による分割統治は、切り離せない関係にある。このような関節の硬さは、ロボット全体の状態をいちいち知ることなしに、各関節を制御できるという利点を持つ。そしてそれだけではなく、工業的には、ロボットを緊急停止させるときにも有利に働く。ロボットには、常に重力がかかっており、もし重力の影響を各モーターが直接受けているとすると、ロボットにきている電力が遮断されれば、ロボットは地面と激突する。ところが先に述べたように、ロボットにかかる重力は、減速機とそこに存在する摩擦によって、モーターをすぐに回転させるほどの影響を持たないので、電力を切っても、ロボットはそのときの姿勢をほとんど保ちながら、ゆっくりと（摩擦にエネルギーを消費されながら）崩れ落ちる。

各関節のモーターにかかっているトルクを計測するトルクセンサーを取り付け、その出力をフィードバックすることによって、柔らかい関節を実現することも、もちろん可能である。あるいは関節の摩擦を避けるために、減速機を介さないダイレクトドライブと呼ばれるモーターを使うことも考えられる。しかし、このように関節が柔らかくなってしまうと、外からかかった力によって、関節の挙動が大きく変化することになる。たとえば腕ロボットで、手首を動かすことによって肘や肩の関節が動いてしまう、ということにつながり、関節ごとに制御を分割することができなくなる。

ロボットの硬さとセンサー

同じような、機構の硬さと分割統治の関係性は、センサー系にも存在する。これまでに開発されてきたロボットの手先効果器（多指ロボットハンドや、平行指グリッパーなどの、対象物に働きかけるための装置）は、ほとんどがプラスチックや金属などの硬い材質でできている。対象物をしっかりと、そしてなじむようにつかむには、柔らかい効果器のほうがよいように思えるが、実際には、柔らかく対象と接触する必要がある場合にも、その表面にきわめて薄いゴムを張る程度である。ほとんどのロボットの効果器が硬いのには、いくつかの理由がある。まず、材質が硬ければ、モーターの軸から、効果器の表面までの距離の精度を保証しやすい。そして、その表面に触覚センサーを貼り付ければ、そのセンサー情報によって、モーター軸から接触位置までの距離が正確にわかり、どこで対象物と効果器が接触しているかを簡単に求めることができる。その結果、対象の形が前もってわかっているときには、限られた接触情報から、効果器と対象物がどのような相対位置にあるかを計算することができる。対象物をどのように持っているかを、視覚などほかのセンサーで確認しなくても、正しく推定することができるのである。このような処理は、工場内のように、扱う対象物について、あらかじめくわしくわかっている場合には、効率という意味で非常に有利である。この効果をさらに効率的に利用するためには、触覚センサーどうしの距離も精度よくつくられていることが重要になる。その結果、硬いロボットの場合には、平坦か、ほとんど曲率がない効果器の表面に、格子状に触覚センサーを配列することになる。

赤外線を含む光や、音を媒介としたセンサー（カメラやソナーなど）は、対象物に接触することなく、その位置や、姿勢、形状などを計測することができるが、触覚センサーや圧力センサーの場合、効果器が対象物に接触しなければ、対象物に関する情報を集めることができない。一方で、効果器が柔らかければ、対象に力をかけることによって、効果器上の接触点が移動するので、接触位置に関する情報があいまいになってしまう。そして、そのあいまいさを消すためには、さらに別のセンサーを使うか、効果器の柔らかさについてくわしい情報が必要になる。これでは効率が落ちてしまう。触覚センサーが硬い表面に配列されると、扱う対象物が接触する場所にあるセンサーのみが反応し、距離の離れているセンサーは反応しない。しかも、接触している位置を精度よく推定することができるので、ほかのセンサー信号に頼る必要がない。つまり、各々のセンサーからの情報を別々に処理すればよいことになる。これがセンサーにおける、硬さと分割統治の関係である。

分割統治の代償

分割統治することによって、システムはより小さく、互いに干渉しないサブシステムに分解される。これらの、個々のサブシステムについての制御則を考えることは、もとの大きなシステムを直接制御するよりもはるかに簡単だし、サブシステムの構造が小さければ、それに似たシステムを、どこかの誰かがすでにつくっている可能性が高く、その制御についての知識を再利用することができる。このような分割統治が、今日のロボティクスを支えていると言っても過言ではない。すべてを制御下に置きたいのであれば分割すべし、と言ってもよい。その結果、これまで開発されてきた「柔らかいロボット」は、分割統治された硬いロボットに、その振る舞いが予測できる程度に薄い、柔らかい表皮を付けただけ、というものがほとんどになっている。

しかし、これらの分割のために払われる代償は少なくない。ロボットの身体は、減速比が大きいモーターによって駆動され、外からの力に関係なく制御される。センサーは基本的に硬い身体の上に整列配置される。身体が本質的に硬いことに加えて、関節の制御もまた、基本的に硬い。このような硬いロボットに外からかかる力に応じた動きをさせようとすると、その力を検出するためのセンサーが必要になり、その信号に応じたフィードバックを、モーターに適用する必要がある。その結果分割した制御系の独立性は損なわれ、ロボットを動かしづらくなる。センサーは硬い表面に整列して取り付けられるため、物体の表面になじむような動きをすることはできない。常に、「箸で豆をつまむように」硬い面でもって対象を扱うことになる。

2・2　手の柔らかさの役割

われわれ人間の身体は、基本的に柔らかい材料からできている。先ほどまでの議論を踏まえれば、人間の身体には、分割統治という考え方が適用できないということである。とすると、これまでの硬いロボットのために使われてきた制御と人間の動作原理は、根本的に異なることになる。その代わりに、身体が柔らかいことで、硬い身体では本質的に実現することが難しい作業を、いともたやすくできる場合がある。ここでは、手の柔らかさがもたらす役割について考えてみよう。

拮抗構造がもたらす柔らかさ

人間の手は、基本的な動きをつくり出す筋骨格構造と、それを取り巻く柔らかい皮膚でできている。まずは、筋骨格構造に存在する柔らかさについて考えてみよう。一般的なロボットの場合、骨に相当するリンクどうしはモーターでつながれていて、リンクとリンクとの間の相対的な角度が制御される。人間の手の場合には、骨と骨との間の関節を、複数の筋肉がまたいでいて、それらの筋肉が発生している力のバランスで、関節の角度や柔軟性が決まる。このような構造のことを、筋肉の「拮抗構造」と呼ぶ。筋肉は、それ自体が柔軟な素材で構成されているため、どの程度の活性で収縮しているかによって、ある柔らかさを持つ。関節を引っ張り合う筋肉の力の差が関節の角度を決め、双方の筋肉の力のバランスが関節の柔らかさを決めることになる。このように、関節の角度と柔らかさを同時に決めることができる制御は、制御工学の分野では「コンプライアンス制御（インピーダンス制御）」と呼ばれ、電気モーターについても、コンピューターでフィードバックを適用することによって実現できることが知られている。

ここでポイントとなるのは、筋肉の場合、角度を知る「制御装置」がなくても、コンプライアンス制御と等価な制御を実現することができるのに対し、モーターの場合だと、コンピューターによるフィードバック制御なしでは実現することが難しいことである。

劣駆動がもたらす柔らかさ

もう一つ、筋骨格がもたらす重要な柔らかさがある。人間の指は、関節の数に比べて多数の筋（あるいは腱）によって駆動されている一方で、一本の筋（腱）に注目すると、複数の関節にまたがっているケースが多い。つまり、一本の筋（腱）を駆動したときに、複数の関節が連動して動く、ということである。そして、指の一部が外部と接触しているとき――たとえば何らかの物体をつかもうとして、その物体が指に接触しているとき――接触した部分に外力がかかり、自由に動くことができなくなる。すると、接触前には、一本の筋（腱）によって生まれていた二つの関節間の連動が崩れ、たとえばどちらか一方のみが動くことになる。このようなメカニズムは「劣駆動」（図2-1）と呼ばれ、つかむ対象の形に合わせて、指がなじんでいくような動きを生み出すために重要な役割を果たす。

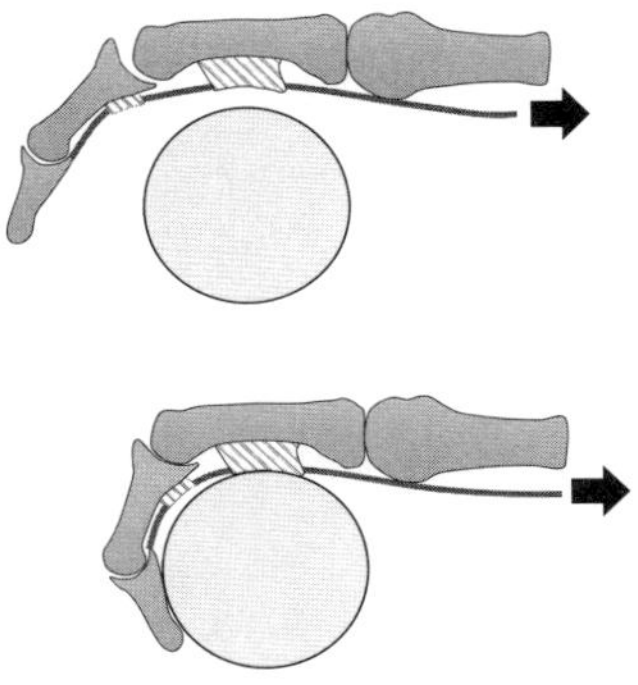

図2-1 劣駆動機構。1本の腱を引っ張るだけで、何個かある骨は、対象になじむような動作をする。

これは、指が弾性を持っているという意味での柔らかさとは違うが、対象の形になじんで、制御なしに形を変化させるという意味で、柔軟性と考えても差し支えない。

筋骨格がもたらす劣駆動の柔軟性に加えて、指には柔軟な皮膚がある。指の皮膚は、表皮、真皮と呼ばれる二層の構造を持っており、対象と接触したときに、一定ではない非線形の弾性を持つ（反力が押し込み量に単純に比例しない）。さらに強く対象を握ると、内部の配置された骨の影響で、弾性は急激に小さく、硬くなる。このような非線形の弾性は、対象の細かい形にかかわりなく、安定にしっかりとつかみ、しかも指が柔らかいにもかかわらず重量のあるものを持ち上げるために、重要な役割を果たす。このような柔軟性もまた、制御を必要とはしない。

観測して行動するか、行動して観測するか

これらの柔軟性に共通に言えるのは、対象の形や材質、重さが未知でも、その柔軟性を利用することによって、制御による計算を最小限にしながら、対象をつかんだり、操ったりできることである。そしてこの特性によって、対象物に働きかけるために、必ずしも感覚を必要としない。このことは些細なことに思えるかもしれないが、実は、人間の知能を考えるうえで非常に重要である。従来の人工知能の考え方によると、まず環境を各種のセンサーを使って観測し、その観測結果にしたがって、行動を計画、環境に働きかけるという順序で、人間や知能ロボットなどは動作している（「観測・計画・行動サイクル」と呼ばれる）。しかし、先に述べたように、対象に働きかけるために、感覚を必要としないのであれば、まず環境に働きかけ、そして得られる信号によって環境の状態を知る、というこれまでの考え方とはまったく反対の情報獲得が可能となる。

この二つの考え方は、順序が逆になっただけであり、ちょっと考えただけでは、大した違いがないようにも思われるが、順序が逆になるということは、情報処理的には大きな違いを生み出す。感覚が先行する場合には、まず環境に働きかける前に観察し、その状態を知ってから行動が生じる。行動の結果、環境は変化し、その変化をまた観測することによって行動を生み出す、という繰り返しになる。感覚は、行動とは独立に存在することに注意されたい。一方で、運動が先行する場合、当然のことだが、環境に働きかける運動の種類によって、環境の応答は変化する。その環境を観測するのであるから、観測結果は、働きかける運動と、対象の特性に大きく依存する。つまり、対象についてとくに知りたい情報があれば、それを効果的に引き出すための運動ができるということである。言い換えれば、運動は、観測し、得られる情報の構造を決めることになる。

たとえば、手で物体をつかんで、その重さを確かめる、というケースを考えよう。硬いハンドを使って、観測・計画・行動サイクルにしたがって、この作業をする場合、まずは物体をつかむ前に、観測によって、指の配置場所と発生する力を決めなければならない。観測には、動きを伴わないので、その物体をつかむ前に、物体に関する情報を、視覚センサーなどの、つかまなくても情報が収集できるセンサーによって取得し、その情報をもとに各指を物体の表面のどこに配置し、どのように力を出すかをあらかじめ計算し、それを実現するようにフィードバックを適用する。重さの推定がうまくいっていれば、無事に対象を持ち上げることができ、その結果、力センサーから、推定ではない、本当の重さを得ることができる。この作業の成功率を上げるために、われわれができることは何であろうか？　物体をつかむ前に、見るだけでその形をできるだけ正確に把握し、重さを推定する精度を上げることである。賢明な読者は気付かれたことと思うが、ここでも、「観測」と「行動」が分割統治されている。

一方、対象に対してくわしい情報がなくても、柔らかさを持っていて、制御に必要な計算を最小限にしてつかめるとすると、このサイクルは逆転する。つまり、まずつかんで、つかんだときに得られる感覚によって、対象の形や重さを直接得ることになる。この場合、作業の成功率は、ハンドが細かい制御を適用しなくても物体をつかめるかどうか、にかかってくる。観測は行動の結果生じるために、これらを分割することはできない。

2・3　柔らかい手が生み出す感覚

このように、手の柔らかさによって、物体をつかんだり、操作したりするために必要な計算を減らし、そして、それらの行動の結果として、対象に関する重さなどの情報を得ることができる。その一方で、手の柔らかさは、刺激への感度を変えたり、さまざまな触覚を生み出したりするうえでも、重要な役割を果たしている。

触覚センサーによる観測

ふたたび、硬いロボットハンドで対象物体を持ち上げたときに、その物体がハンドに対してどのような位置・姿勢にあるかを、ハンドに装備された触覚センサーを使って推定することを考えよう（図2－2a）。ハンドが硬ければ、センサー素子はその表面に貼るしかない。そのとき、ハンド表面に素子をきちんと整列して並べておけば、対象物をつかんだときに、どの素子が反応しているかという情報と、あらかじめ与えられた対象物の幾何学的モデルから、対象の位置・姿勢を計算することができる。一つの素子の計測できる範囲が広いほど、計測精度は悪くなるが、一方で範囲が狭ければ、当たっても感じない部分をなくすために、素子の数を増やすか、感じることができる範囲を狭くするかを検討する必要がある。そしてこれらの素子間の距離が、計測の解像度を決める。その結果、ハンドの表面が硬いと、接触位置が少しずれるだけで、センサー素子の反応は大きく変わることになる。素子を貼り付ける位置精度が、対象物の位置・姿勢の推定精度に直接関わってくることにも、注意をしておきたい。

一方で、人間の触覚受容器（触覚を感じることができる基本的単位）は、皮膚の表面だけではなく、皮膚組織全体にわたって分布している。皮膚が柔らかいので、対象物が硬くても、その表面になじみ、確実かつ安定につかむことができるのは、先に述べたとおりである。皮膚が柔らかいために、対象物をつかむために必要な制御は、それほど脳に負担を強いるわけではない。そして、このような皮膚の柔らかさは、感覚にも影響を及ぼす。ロボットハンドが、人間

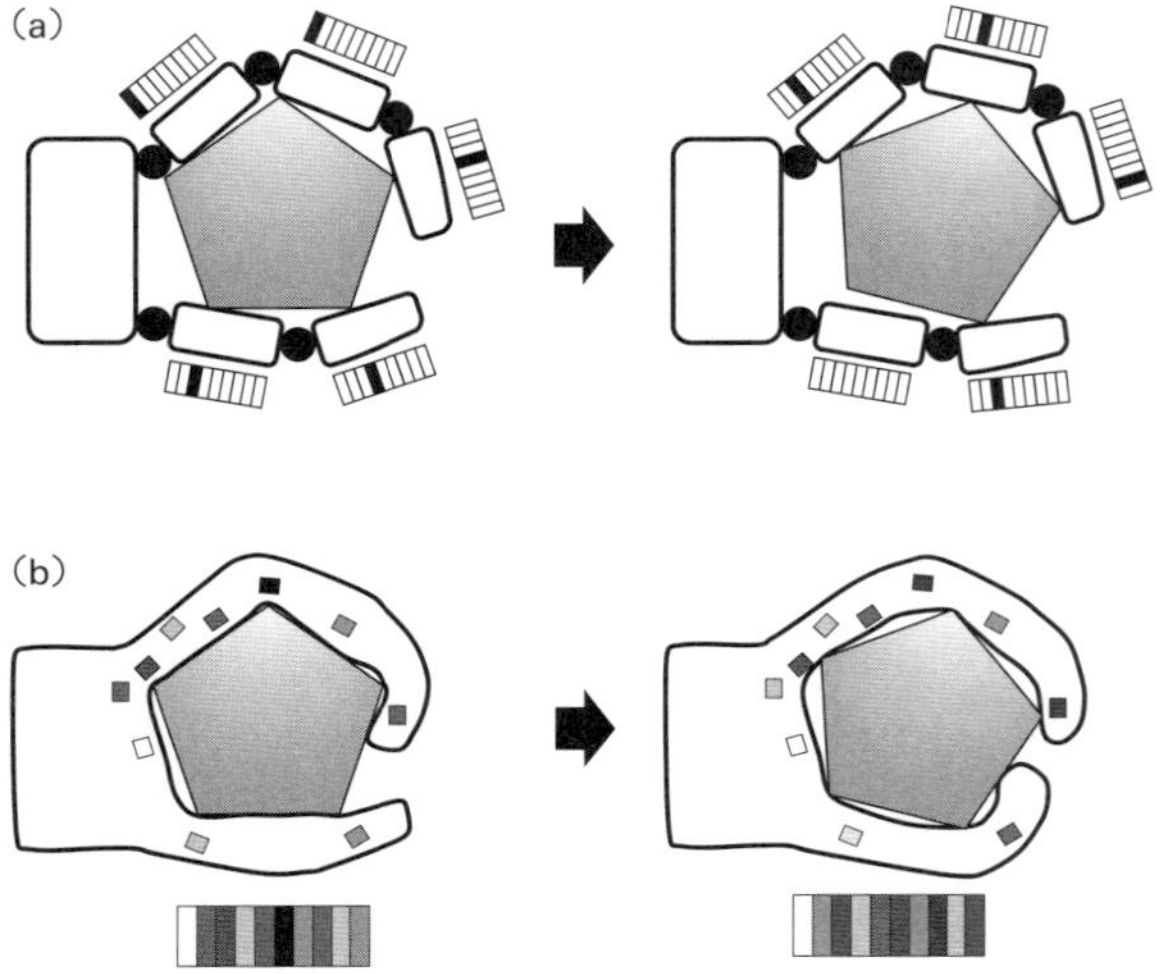

図2－2 硬いハンドと柔らかいハンドの、感覚の違い。(a) 硬いハンドの場合、センサーは表面に貼るしかない。握っている物体の姿勢がわずかに変化すると、センサーのパターンは大きく変化する。(b) ハンドが柔らかいと、センサーは内部に埋めることができ、接触点が離れていても反応できる。握っている物体の姿勢が変化しても、全体的なパターンは変化しにくい。

のそれのように柔らかい素材でできていたとしたら、接触点が、センサー素子から離れていたとしても、柔らかい素材が、接触の情報を周辺に伝搬するので、素子間の距離がある程度あったとしても、解像度を確保できる（図2－2b）。

柔らかい素材を用いることによって刺激に対する感度を増し、しかも、複数の素子に関する刺激を使って対象物の接触位置の情報を推定することができるので、素子の数が少なくても、接触位置の推定精度をそれほど下げなくてすむ。一方で、複数の素子が反応したときに接触点を推定するためには、柔らかさに関する何らかのモデルが必要となる。複数の点での接触情報から、実際の接触点を推定するために使われるのと、柔らかさによって、接触点の位置が空間的に移動する、その量を見計らうためである。いずれにせよ、柔らかい素材を使用することによって、接触を観測する感度を上げることができる。

皮膚の柔らかさによるフィルター

そして、感覚という意味でセンサーの密度以上に面白いのは、皮膚が柔らかければ、さまざまな深さにセンサー素子を埋めることができる点にある。繰り返しになるが、硬いロボットは、素材が硬いために、センサー素子を表面にしか貼ることができない。一方で人間の場合、触覚受容器は、皮膚表面にあるのではなく、内部に存在している。しかも興味深いのは、受容器がいろいろな深さに埋まっている点である。人間の皮膚の受容器は、基本的には、ひずみに対して反応するものと、ひずみの速度に対して反応するものがあり、さらにそれぞれが、皮膚の比較的浅い部分と、深い部分に存在している。柔らかい皮膚を持つロボットの場合には、このような人間の構造をまねて、さまざまな深さに、センサーを埋め込むことができるのである。

深さの違う部分に埋め込まれたセンサーは、皮膚の表面に与えられた物理的刺激を、皮膚とセンサーの間に存在する柔らかい素材がもたらす「フィルター」を介して受け取る。深さが違えば、このフィルターの特性は変化するし、先ほど述べたように、人間の皮膚のような、複数

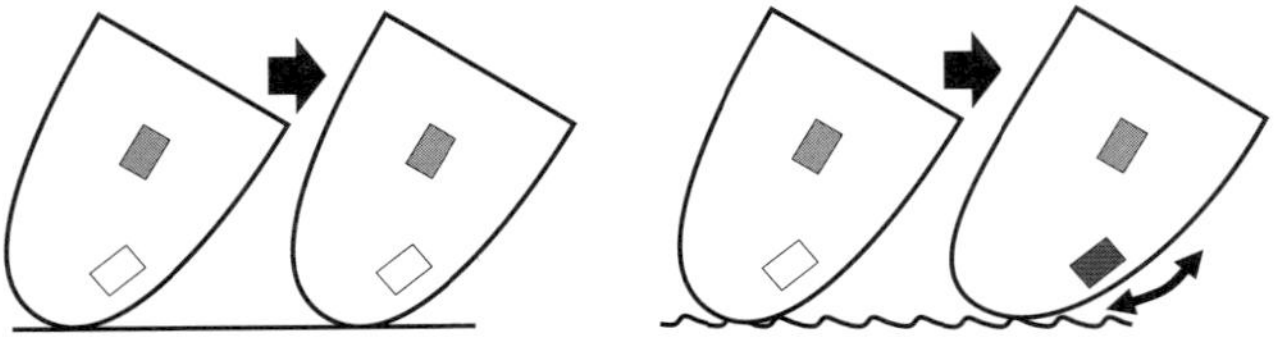
図 2－3　いろいろな深さに入っているセンサー。内側のセンサーは表面から遠く、全体的な力を感じるので、表面のあらさに影響を受けにくい。外側のセンサーは引っ張られて力を受けるため、表面のあらさに応じてセンサー出力は変化する。

の層構造を持つ場合には、この変化は非常に複雑になる。その結果、脳などの情報処理によってフィルターをつくらなくても、身体の素材が同等の計算をもたらし、対象物あるいは環境に関するより詳細な情報を獲得することができるのである。ここでも、柔らかさが、計算の肩代わりをしている。

フィルターによる皮膚の情報処理、と言われても、あまりピンとこないので、もう少し具体的に、柔らかい皮膚に埋め込まれたセンサーから得られる感覚について考えてみよう（図2－3）。指を環境、たとえば机に押し付ける状況を考える。つるつるの机に指を押し付けたとき、指の浅い部分にあるひずみセンサーは、皮膚の組織が逃げるので、強い刺激を感じない。一方で深い部分にあるセンサーは、机から遠いので、あまり机の表面の特性の影響を受けず、指全体が机に対して発生している力を感じることになる。ざらざらの机に指を押し付けるときには、この深い部分のひずみセンサーの刺激を同じような量にすることによって、同じ力で押し付けることができる。そしてそのときの浅い部分のセンサーは、ざらざらした机の表面が、皮膚の組織が逃げるのを抑えるので、つるつるの場合に比べてより強い刺激を感じることになる。このように、ただ机に指を押し付けるだけで、浅い部分と深い部分のセンサーの情報から、机の表面特性についての情報を得ることができる。一方で、硬い指を机に押し付けても、机の表面特性を推定することは非常に難しいことは言うまでもない。

柔らかい指とすべり感覚

もう一つ、すべり感覚についても、柔らかい指の役割を考えてみよう。すべりは指先と対象、たとえば机との相対運動である。したがって、指先が硬ければ、すべりは、その相対運動が大きいか、小さいかにかかわらず、相対運動に比例する（工学では、このような関係のことを「スケーラブルである」という）。したがってすべりの感度は、素子の密度と比例関係にあり、すべりに敏感にしたければ、接触点を検出するために、それだけ多くの素子を埋めることになる。また、指が硬ければ、検出される接触点はある場所から別の場所へと飛ぶケースも多く、指先と机の間の物理的な現象を詳細にピックアップすることは難しい。むしろ、関節の角度から計算される、計算上の指先と机の相対移動を、すべり量と考えるほうが合理的だろう。

しかし柔らかい指の場合には、すべりという現象ははるかに複雑である。単純に説明することは不可能であるが、ここでは誤解を恐れず、理解のために極端な説明を試みよう。指先と机の表面が複数の点、あるいは面によって接触しており、その接触点群（あるいは面）が相対的に移動することにより、すべりは生じる。さらに細かく見ると、指全体が机に対して相対運動をすると、指先の接触点は、しばらく机の表面と接触を保ったまま、表面が引っ張られ、摩擦力がこの引っ張り力に耐えられなくなったところで、わずかに相対運動して止まる、そしてまた表面が引っ張られ……という細かい運動を繰り返す。この運動は、「スティックスリップ」と呼ばれる。指と机に存在する無数の接触点で、このようなスティックスリップが起こり、それが巨視的には指と机の相対運動としてとらえられているのである。したがって、すべり量が少ない場合と多い場合に起こっている物理現象はかなり違っており、その意味においてスケーラブルな現象ではない。

一口にすべりを観測するといっても、単一の感覚器では非常に困難である。人間もまた、柔らかな指を持っており、ひずみを感じる受容器は存在するが、すべりを直接感じる受容器は存在しない。このようなスケーラブルでない現象を、きわめて複雑な情報処理を通すことによって、すべり感覚を得ていると考えられる。柔らかい指は、対象物との、より複雑な関係を生み出し、それによって、対象についてのよりくわしい情報をもたらす。このような複雑な関係こそが、人間の認識に重要な役割を果たしていると考えられるが、それについては、もう少しあとで議論することにしよう。

2・4　感覚をまたぐ学習

硬い指が得る感覚は、運動の大きさに比例した刺激を得る、スケーラブルな感覚である。一方で、人間が持っているような柔らかい指が生み出す感覚は、先に触れたすべりのようにスケーラブルではない。一見、スケーラブルであるほうが、そうでないよりも有利なように見えるが、スケーラブルでないことによって、人間が環境についてのさまざまな情報を得ていることを、ここでは説明していこう。そしてもちろん、そのような人間の知能を説明するためには、柔らかい身体を持ったヒューマノイドを使わなければならないのである（図2－4）。

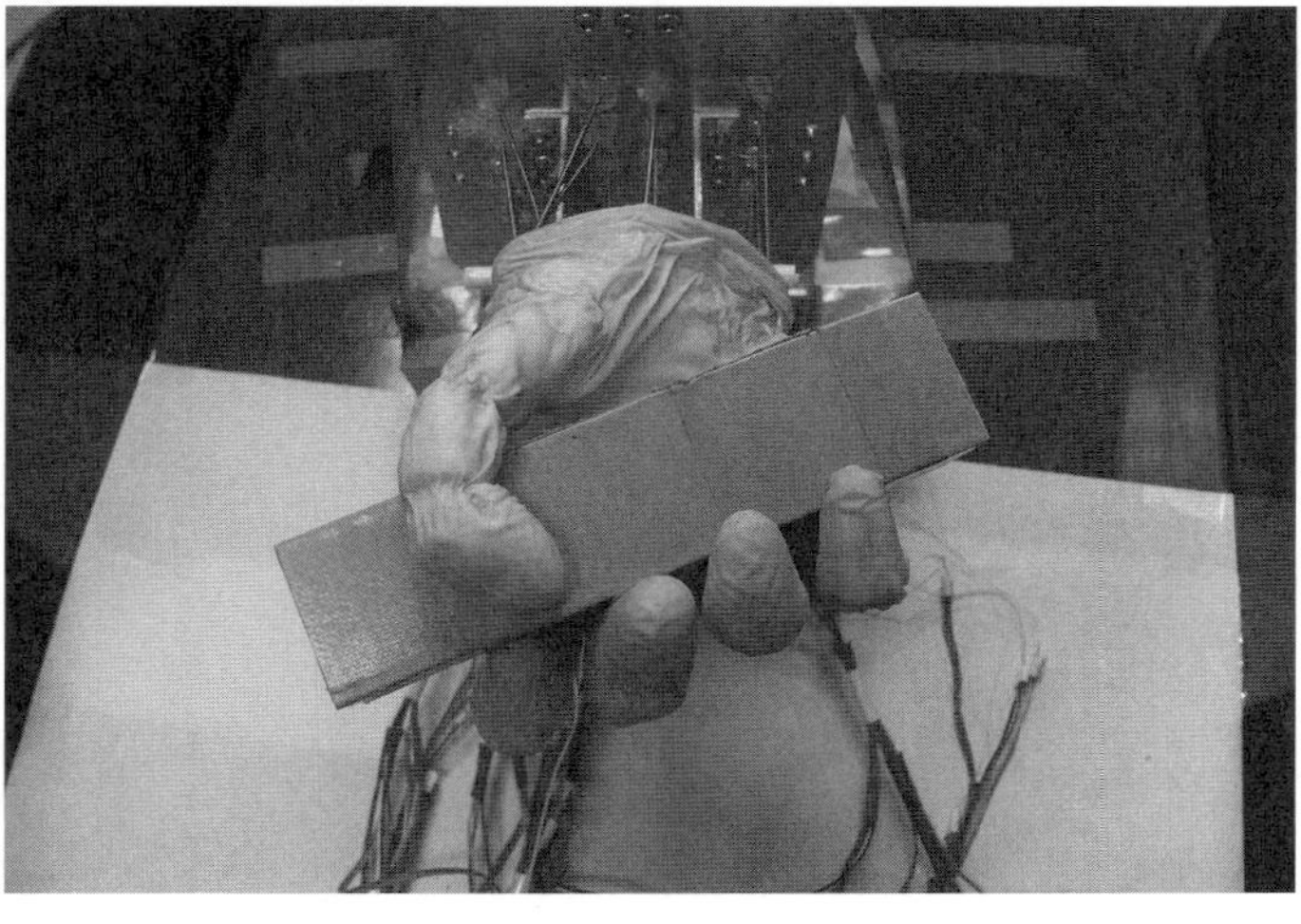

図2－4　シリコンの皮膚を持つ柔らかいハンド。硬い対象物をしっかりと握ることができる。そしてその感覚は、スケーラブルではない。

柔軟な身体にとって、すべりは、細かく見ると、スティックスリップであり、大局的に見ると相対運動である。しかし、人間の指に存在する受容器は、先にも述べたように、ひずみ、あるいはひずみ速度を刺激として受け取るものだけであり、スティックスリップを、それとして観測する受容器は存在しない。スティックスリップが起こっているとき、細かい相対運動が振動となって指に伝わり、その振動を皮膚の持つ動的なフィルター越しに観測することで、よりくわしいすべりに関する情報が得られるのではないかと考えられる。実際、人間に目隠しをして、指先に細かい振動を与えることによって、疑似的にすべりを感じさせられることが、研究により明らかになっている。しかしこのような感覚は、どのようにして獲得されるのであろうか。

人間の受容器、あるいはロボットにとってのセンサーは、それ自身が、そもそも物理的に計測できる量を測るために使われる一方で、ある文脈、つまり人間あるいはロボットが置かれた状況によっては、それが直接計測することができる物理量から、別の量を推定することに使われる。それぞれは、物理センサー、論理センサーと呼ばれることもあれば、バイアスのないセンサーとバイアスのかかったセンサーと呼ばれることもある。すべてのセンサーが、それがつくられたときから持っている計測能力だけしか発揮できなければ、人間あるいはロボットの能力は、非常に限定的になる。人間やロボットの適応能力は、センサーからの生の情報から、バイアスのかかった情報を取り出せることによるところが大きい。そして、このような、バイアスのかかった情報を獲得するための情報処理は、学習でしか獲得できない。

文脈によるバイアスのもとで、センサー情報を収集することによって、そのバイアスを推定できる論理センサーを「構成」することができるわけであるが、では、そもそもその文脈を生み出すものは何だろうか？　人間の発達成長過程を見てみると、このような文脈を生み出すためのからくりが、数多く埋め込まれていることに気が付く。たとえば乳児は、生まれたときには、自分が見ているものの中で、どの部分が自分の身体であるかを知らない。とにかく体をバタバタしているうちに、視野内で自分の関節が同じ角度のときに（これはバイアスのかかっていない関節センサーによって生まれつき計測可能である）、必ず同じ場所に見えるものを、おそらく、身体として認識するのであろうと思われる。これを、身体イメージと呼ぶが、身体イメージの学習過程は、まさしく、バイアスのかからない関節センサーからの関節角の情報から、視覚センサー信号にバイアスをかけ、身体を発見（計測）できるようになることである。

視覚と触覚をまたぐ学習

先ほどから述べているように、微視的なすべり情報は、指先センサーへの振動情報としてしか観測されない。バイアスのかかっていない振動情報をすべりと結び付けるには、何らかの学習が必要である。たとえば、視覚から得られる情報を、これと結び付けることを考えてみよう。

先に述べたように、学習によって視覚内の身体を認識することができれば、視覚センサーから、自分の身体が、対象物と相対運動していることを観察できる。そして、視覚センサー内で相対運動が起こっているときに、指先に感じられる振動情報を、脳内の回路によって関連付け、学習することができれば、もともとバイアスのない振動情報が、すべりとして認識されることになる。このように、感覚をまたぐ学習を通して、バイアスのかかった情報をセンサー信号から取り出すことができるのである。

ここで注意したいのは、視覚センサーと触覚センサーの、時間的な特性が違うことである。視覚センサーは、頭と対象までの距離によるが、おそらく数センチ程度動かないと、それを認識することはできない。そして、当たり前のことだが、ほかの遮蔽《へい》物が入ると、見えなくなるという意味で認識することができなくなる。一方で触覚センサーは、視覚に比較すると感じることができる周波数がきわめて速く、数百ヘルツまでの振動を計測可能である。つまり、目に見えるほどすべっていなくても、指先の微小な、局所的な初期すべりを感じることができるのである。特性の異なる感覚をまたぐことによって、スケールを越え、ある事象を観測するための帯域が劇的に広がっていることが理解していただけるものと思う。

このように文脈を利用し、異なる感覚をまたいだ学習によって事象を観測することで、明らかに人間、あるいはロボットの適応性は向上する。そのとき身体が硬いと、それが持つ帯域は高いほうに重点が置かれ、帯域の広がりが少なくなる。身体がさまざまな硬さを持つことが、その帯域を広げ、結果的に適応的な行動を生み出すために大きな役割を果たすのである。機械は、それを生み出す機械の精度を越えることができないという、母性原理にしたがう。これは、硬い機械を使っている限り、その精度はスケーラブルであることに原因がある。一方で人間は、柔らかく、精度など補償できない身体を持ちながら、数ミクロンの差を感じ取ることができる皮膚感覚を持つ。その生成の謎は、ここで説明したとおり、スケーラブルでない複数の感覚統合を通した学習なのではないだろうか。

2・5　物体の認知へ

柔らかいハンドを使うことによって、まず物体に働きかけて得られる情報から物体を知覚すること、さらに、さまざまな種類の感覚を学習可能であることを見てきた。いよいよそのような柔らかいハンドを用いて、人間の行動を模倣し、人間がしているような物体認知を、ハンドで調べていくことを考えてみる。

センサーの増加と情報の爆発

柔らかいハンドのさまざまな場所に、ひずみセンサーや、ひずみ速度センサーを埋め、人間の手の構造を模倣する（図2－5）。物体についてのよりくわしい情報を知りたければ、でき

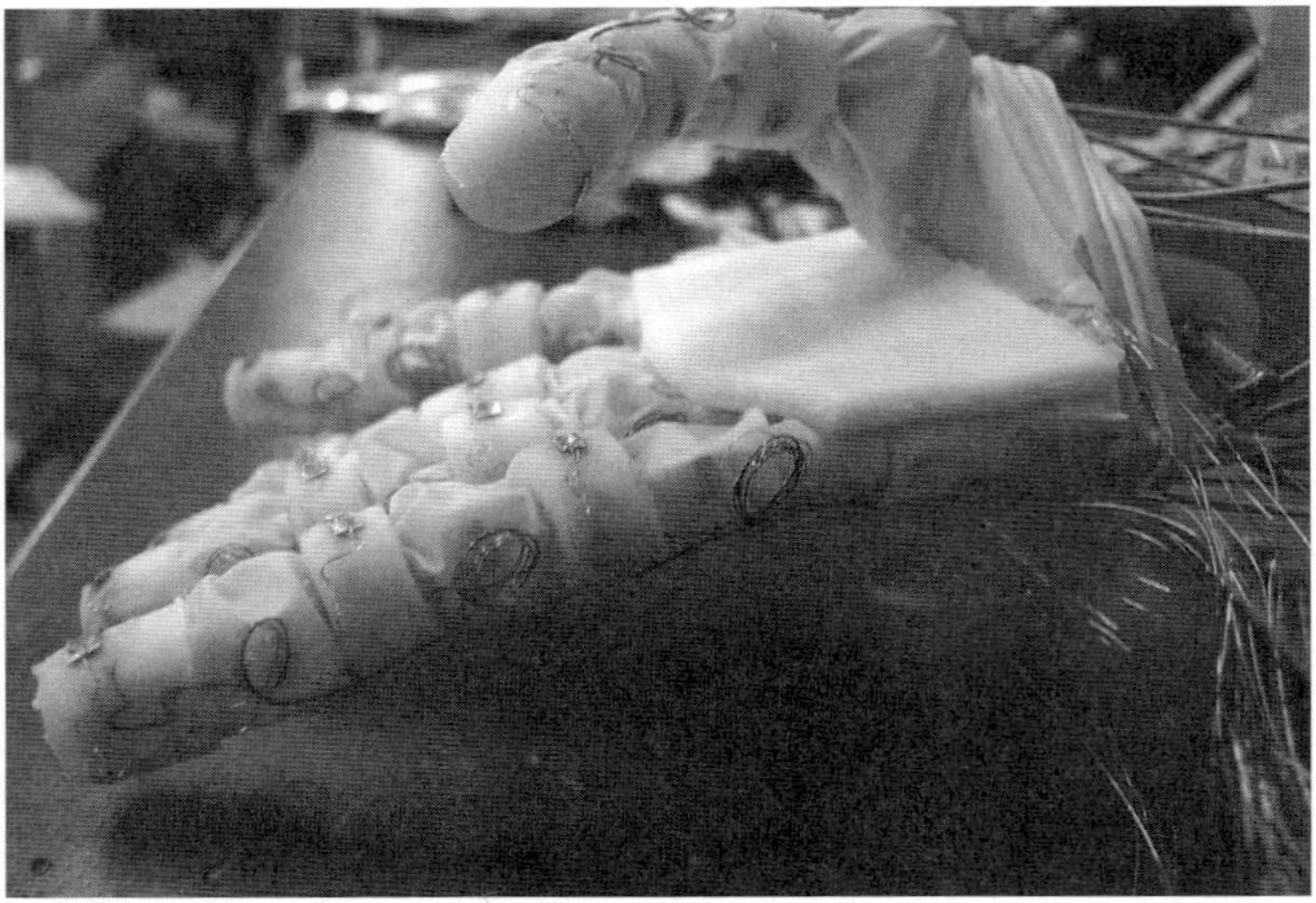

図2－5 柔らかいハンドの内部にひずみセンサーやひずみ速度センサーが埋め込まれている様子。この外側にさらに皮膚をかぶせる。

るだけ密度を高く、センサーを埋め込むことになる。ここで、対象物の記憶に関して、ある問題が発生する。

柔らかいロボットハンドで対象物を握ると、触覚センサーには、空間的にあるパターンが発生する。このパターンが、対象物の形状に関するもっとも基本的な記憶になると考えられる。センサーの密度が非常に高いとき、対象物が、手に対して少しでも違った場所や角度で接触すると、センサー全体の空間パターンは大きく変化する。つまり、センサーがたくさん使われていればいるほど、一つの物体を握ったときに生じるパターンのバリエーションが大きくなる。これはもちろん、ロボットハンドに限る問題ではなく、人間の手で対象を持って、その触覚パターンに基づいて物体の形状を記憶する際に共通の問題であることに注意されたい。もし、人間の触覚に関する記憶が、ある特定の対象を握ったときに生じうる触覚パターンを広く網羅していたとすると、そのすべてのパターンを記憶するには、非常に多くのメモリを必要とする。あるいは、これらの広範な触覚パターンをニューラルネットワークで記憶しようとすると、かなりの時間がかかることが予想される。しかし一方で、われわれの直感的な発想を使って、このようなパターンの「爆発」の問題に対処できることを、以下で説明しよう。

物体への働きかけ

われわれが目隠しされて、いくつかの物体を代るがわる持たされ、それぞれを判別するような思考実験を、改めてしてみよう。対象となる物体を手渡されたとき、どの接触受容器が反応するかは、渡された物体の状態、つまり手のどのあたりで、どのような方向でその物体をつかんでいるかによって、大きく変化する。これは、センサーがたくさん存在するロボットハンドのケースと同等である。そして、われわれが握らされた物体が何であるかを推定するとき、大概の場合、その対象を握りなおし、手の中で動かしてみるという行動をとることに気付く。これは、物体を握ったときに、受容器に生じるパターンを「受動的」に利用するだけではなく、物体に「能動的」に働きかけることにより、物体に関するよりくわしい情報を引き出すことができるからである。

一方で、このような動作、つまり対象を手の中で握りなおすような動作をすることにより、対象は手の中で微妙に移動し、そして「しっくりする場所」まで移動したところで動かなくなる傾向があることにも気が付く。手や指の構造と柔らかさ、そして対象物の形と重さや摩擦などの特性の間にある関係によって、物体は手の中で、しっくりする場所まで移動するのである。しっくりする場所は、制御の言葉で言えば、手指の動特性と対象物の動特性によって決まる「安定姿勢」である。そしてこの安定姿勢は、手指と対象物の形や柔らかさの特性によって決まるものであり、初期の握り方にある程度のばらつきがあっても、おおよそ同じ場所に行き着く。同じ場所に行き着くということは、センサーのパターンもまた、同じようなものになる。つまり、手の中で対象物を握りなおすことを何度か繰り返せば、たとえ最初の握り方が少し違ってスタートしたとしても、同じ対象物については最終的に、だいたい同じセンサー出力を得ることができるのである。物体の手触り、握り感が、どの程度その物体の認識に寄与しているかは今のところ不明だが、手指が柔らかく、そして物体に働きかけられることが、認識に一役買っていることを示す、よい例である。

環境に働きかけて情報を生み出す

もちろん、そうやって、対象物に力を加えたり、指を動かしたりすることによって働きかけている間にも、柔軟な手の内部に存在するセンサーは、時々刻々、さまざまな情報が詰まったデータを生み出す。物体をただ静かに握っているときは、接触点とその付近に関する情報しか得られないが、手指が物体に力をかけ、それに伴って物体が少しずつ動くことによって、センサー信号は変化して、対象に関する、より広範囲でくわしい情報が得られることになる。柔らかな皮膚の表面近くのセンサーが、対象物と皮膚とのすべりやスティックスリップなど、対象に対するミクロな情報を得ている一方で、より深部に存在するセンサーについては、指全体が受けている少し大局的な情報を受け取る。そして興味深いのは、これらのセンサーは、それぞれが極端に特性の違うものである必要はなく、柔らかい皮膚の、異なる深さに埋め込まれているだけで、それぞれ特徴的な情報を得ることができる、という点である。

通常、われわれがロボットを設計する場合には、対象物にかかる力と、そのときの摩擦の状態などを指によって計測するために、それぞれに特化した性質を持つ異なるセンサーを用意する。そして、これらの異なるセンサーを、硬いロボットの表面に装着するという手続きを踏むのは、これまでも見てきたとおりである。しかし、ここまでの説明で見られるように、素子それぞれとしては同じ性能を持っているものを使ったとしても、柔らかい手指のさまざまな深さに素子を埋め込むことによって、特性の違うセンサーとしての働きをするという事実は、非常に興味深い。

そして、われわれの腕もまた、関節の柔らかさという意味において、手と同じように柔らかい。物体を握ってそれを振り回すと、その物体の大きさや重さによって、腕は反力を受ける。

その動きは物体の形や、それを握る握り方によって微妙に変化する。動きの変化は、柔らかい筋肉に存在する自己受容器と呼ばれるセンサーや、腕部全体に分布した触覚センサー、そしてハンドの触覚センサーによって検出することができる。対象が重い場合には、振り回したときに、腕全体が大きな反力を受け、大きく振れる。

長い棒の端を持って振り回すと、棒の持つ回転の慣性モーメントが手部と腕部にかかるため、センサーには、単に重いものを持ったときとは違う、大きな信号が検出されることになる。単なる棒ではなく、空気の抵抗を受けるうちわのようなものを振り回すと、さらに腕の動きは複雑になる。空気の抵抗が振り方によって変化することを、皮膚センサーや自己受容センサーで感じることにより、手ごたえがある方向に対象を振ることができる。そして、手ごたえがある方向に振ることによって、物体の特徴的な性質を効果的に計測することができる。握った物体を振り回すことによって、それに関する情報を、皮膚センサーや自己受容センサーによって収集する行動は、「ダイナミックタッチ」と呼ばれており、人間の物体の認識と大きな関連性があることが知られている。

人間は、五感を通して得られる情報を受動的に観測しているだけではなく、常に環境に働きかけ、そして自分の行動の文脈に必要な情報を、その行動を実現する流れの中から得ていると言える。このように、環境に働きかけることによって情報を得る行為は、ただ受動的に情報を得る場合に比べ、得られる情報に自らに必要な構造を生み出すことができる。このような振る舞いは、「情報の構造化」と呼ばれ、知能的な行動のために、きわめて重要であると考えられている。柔らかい手や腕によって、対象物を握りなおしてみたり、振ってみたりすることで、対象に対して構造化された情報、ひいては知能的な行動を生み出すために、有利な情報を生み出すことができる。そして、対象に関して柔らかい身体で働きかけ、その柔らかさが生み出すさまざまな形（「モダリティー」と呼ばれる）の情報を得ることは、その認識を、いろいろな変化に対して安定にすることにつながる。

2・6　人間を模倣するということ

ここまでで、人間が持つ柔らかい関節構造や、柔らかい皮膚をロボットによって模倣することで、硬いロボットでは実現できないような感覚を得ることができ、またそれを学習できる可能性についても見てきた。おそらく、もともとは、われわれ人間がロボットをつくるためには、金属やプラスチックなどの硬い材料を削ってつくるほうが、精度よく同じものをつくることができる、というところから、ロボットには硬い材料が使われているのではないかと思われる。しかしここまでの議論で、人間と同じような柔らかい構造を模倣することが、思っていた以上に重要であり、それがもたらすさまざまな知能的行動の意味を考える必要性を理解していただけたと思う。そして物体の識別のような、人間的な知能的行動を、身体の柔軟性を活用してうまく実現する方法論について、さまざまな知見や推論ができることがわかっていただけたのではないかと思う。

繰り返しになるが、もう一つ、本章で非常に重要なポイントは、ロボットの身体が硬いことと、感覚や運動の分割統治の間には、密接な関係があることである。これまでの工学でおもに用いられてきたように、比較的大きなシステムを制御するためには、そのシステムを小さいサブシステムに分割し、それぞれをうまく制御して、システム全体をそれらの総和として統御するのがもっとも直接的な方法である。しかし、本章でいくつかの例題を通して見てきたように、このような分割統治は、必ずしも長所だけではないことがわかってきたし、われわれ人間を含めた生物も、このような分割統治の原理に、必ずしもしたがっていないのではないかと思っていただけたことと思う。

分割統治は、工学で重要な線形性、つまり、システムを細分化したときに、それぞれのサブシステムの総和が、全体のシステムを記述するという考え方に基づいている。実は、これまでの工学の進歩に、このような線形性に基づいた分割統治は、非常に大きな影響を及ぼしている。そしてわれわれが、自分たちの身の回りのものやことを理解したり、予測したりするときにも、このような線形性を暗黙のうちに仮定していることにも注意する必要がある。われわれが、今日あるような技術の繁栄を享受できるようになったのも、システムをこのような線形性に基づいて細分化し、それぞれに問題を単純化して考えてきたからであると言っても過言ではないだろう。

しかしながら一方で、このような線形性に基づく細分化は、システム全体の能力を制限することになる。あるシステムを二つに細分化したとき、それぞれが持っている能力の総和が全体の能力になる、つまり1＋1＝2であって、3や4にはならないということだ。これまでさまざまなヒューマノイドロボットが開発されてきたが、これらのヒューマノイドロボットが、いつまでたっても人間と同等の能力を持つことができないのは、システム全体の能力が、細分化されたモジュールの能力の総和以上にならないためではないか、と勘繰りたくなる。身体の柔らかさを利用し、問題を部分ごとに分けることができない代わりに、総体として複雑な動きを生み出すことが、本当に知能的なヒューマノイドロボットをつくるために必要なことのようにも思える。しかしそのためには、原点、つまり人間の模倣へ回帰して、その複雑さを複雑なまま再現することが重要なのではないだろうか。

第3章 ロボットのドア開けはなぜ難しいか
——腕の構造が生み出す知能

ヒューマノイドによって、人間の柔らかさを模倣することが、数々の感覚をもたらすために重要であることを見てきた。本章では、柔らかさの模倣が、感覚だけではなく運動についても、さまざまな興味深い仮説や知見につながることを、人間と同じような筋骨格構造を持つ、ヒューマノイドロボットアームを対象に考えていく。

3・1 人間の腕とロボットアーム

柔らかな関節と投擲《てき》

人間の身体の運動は、構造体である多数の骨と、それをつなぐ腱や、駆動するための筋肉によってもたらされる。前章では、手に存在する劣駆動メカニズムについて触れたが、本章では、

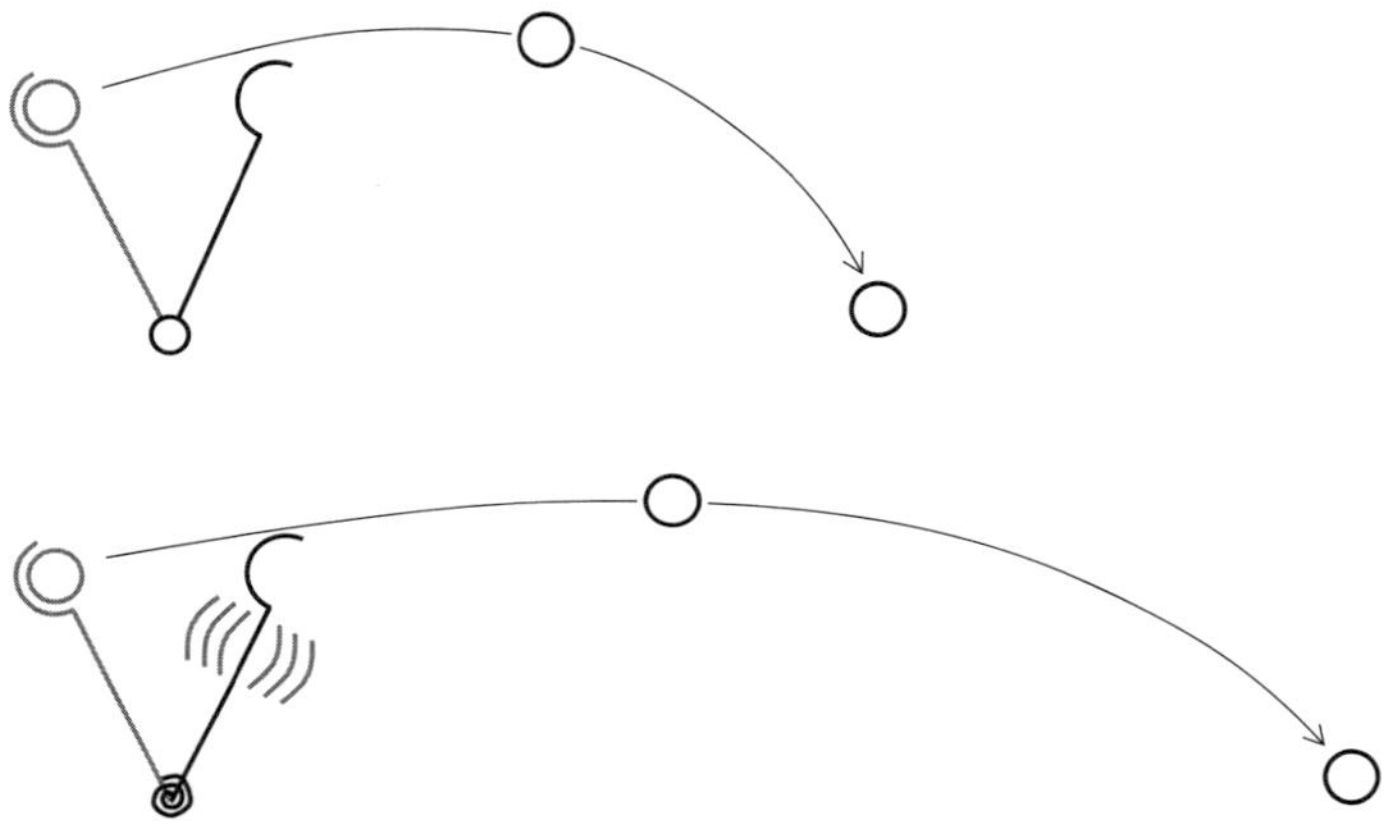

図3－1　関節にばねがないときと、あるときの投擲距離の違い。関節にばねがあるとき、そのばねにエネルギーを蓄えることによって、より遠くまで投げることができる。

人間の腕の筋骨格系に着目することにしよう。

人間の腕は、構造である骨を、柔軟性を持つ筋によって動かすことで運動を生み出している。その結果、関節は柔らかさを持つ。腕が柔らかいことは、繰り返し同じ動きをしても、その手先が一定の場所に行かないということを意味しており、いわゆる、ロボットでいうところの繰り返し精度の保証がまったくできない。一方でこの柔らかさは、人間が実現することができる素早く効率的な動きと密接な関係がある。ドイツのロボット研究者、アリ・アブシャッファーは、ロボットアームの関節の柔らかさと、物を投げることができるための能力について非常に興味深い実験をしている（図3－1）。

ここで考えられているロボットは、一つの関節が一本のリンクを回すような、単純な「投球マシン」である。そのロボットにボールを握らせ、関節を回して、ある時点でボールをリリースする。関節がモーターによって直接駆動されている場合、モーターの速度と、手先の速度には比例関係がある。したがって、ボールの初期速度は、モーターが回る角速度によって決まる。一方、関節に柔らかさがあると、モーターが回ることによって、関節に存在するばねに、ばねエネルギーが蓄積され、それがまとめて一気に放出されるので、より大きな初期速度をボールに与えることができる。モーターが回る速度はあまり問題にならず、ボールが離されるまでにため込まれ、一気に放出されるばねエネルギーの大きさに、初期速度が支配されるのである。その結果、前者の方法よりも五倍以上長い距離の投擲に成功している。関節の柔らかさは、エネルギーを時間方向に積分し、一気に放出するために重要な役割を果たしている。

同じような現象は、ほかの動物にも見られる。たとえばバッタは、あのように体が小さいのに、体長の何倍もの高さまで飛び上がることができる。もしもバッタが、足を駆動する筋の動きだけで足を動かしたとしても、こんなに高くまで飛び上がることはできない。その答えは人間と同じで、足の関節にあるばねのような機構にエネルギーをため、それを一気に開放することによって、体長の何倍もの高さまで飛び上がることができる。ノミやカエルにも同じようなしくみが見られる。

さて、話を人間に戻そう。投擲は一例であるが、人間の腕の動きは、ほとんどが投擲のように柔軟性を利用した素早くスムーズな動きである。これらは、関節の弾性にエネルギーをためたり、効率的に放出したりすることによって実現される。これまでのロボットで行われてきたように、まず身体全体の動きから関節の軌道を計算し、これを実現するように各種の制御を用いる、という方策をとると、このような素早い動きが実現しづらいだけではなく、逐一その時点の関節の動きを計算しなければならないことになり、その計算量は膨大なものになる。つまり、関節の柔軟性を利用した運動は、素早く、効率的であるだけでなく、制御の計算量も大幅に減らすことにつながる。

関節の柔らかさは、弾性を介した素早く効率的な運動に寄与するだけでなく、ロボットに力がかかったときに、それに対して柔らかく応答することに役立っている。

複雑な筋骨格系

人間の腕は、ロボットのそれのように、何本かのリンクが直列に、いくつかの回転関節でつながれるような構造を持っているわけではない。たとえば、人間の前腕は、ロボットのように一本の棒が腕の構造になっているのではなく、橈骨《とうこつ》と尺骨《しゃっこつ》という二本の骨によって構成されている。この二つの骨の手首側は、同時に曲がることによって、手首を手前に曲げたり、向こうに曲げたりする。そして、二つの骨がねじれることによって、手首のねじれを生み出している。手首の左右方向の動きは、手根骨《しゅこんこつ》と呼ばれる手の根元の骨群によってもたらされる。普通のロボットの手首関節と、その構造が大きく違うことに気を付けていただきたい（図3-2）。

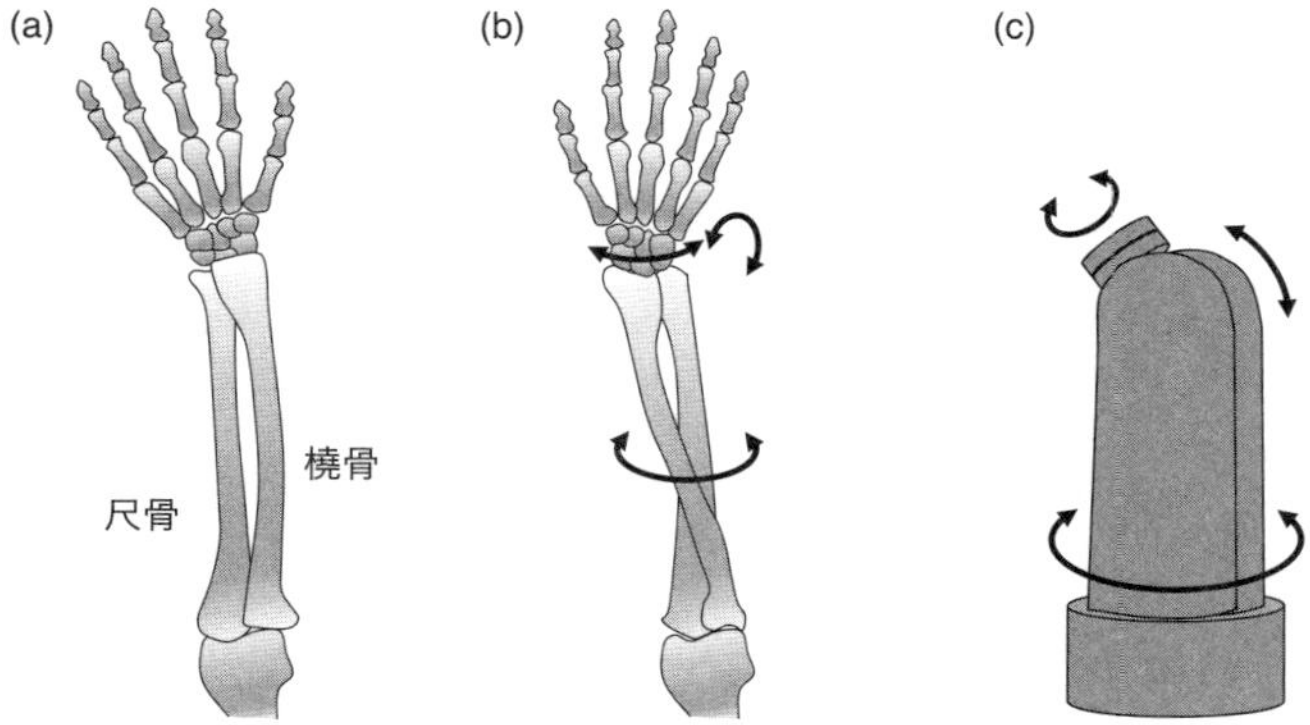

図 3－2　人間の腕とロボットの腕の構造の違い。(a) 右手のひらが手前を向いている状態。(b) 橈骨が尺骨周りに回ると、手のひらが向こうを向く。手首には二つの軸がある。(c) ロボットが手のひらを向こうに向けようとすると、根元から全体が回る。

しかも、それらの複雑な関節を駆動する筋肉構造も、単に一つの関節を、二本の拮抗する筋肉で引っ張っているような単純な構造ではない。前腕部では、橈骨と尺骨をぐるりと囲むようについた二本の筋肉を用いて、回内と回外と呼ばれる手首のねじれ運動を実現している。手首を動かす筋肉と、指を動かす筋肉は、ほとんどが前腕部に存在し、手首部を通って、手先方向に腱を伸ばしている。その結果、手首を動かすと、これらの腱がその動きの影響を受けるので、やってみるとわかることであるが、手指を動かさずに手首だけを動かすことは存外難しい。そして、肘を動かす筋肉は、橈骨や尺骨から伸び、一部は肘にとどまらず、肩まで伸びている。人間の肩部に至っては、肩甲骨を中心に、非常に複雑かつ巧妙な構造を持っていて、人間のさまざまな運動をつくり出すために重要な役割を果たしている。その構造と機能は、まだ十分にわかっていない。

このように、腕部は複雑な筋骨格構造を持っているため、たとえば、手先にある方向の力をかけても、その方向にまっすぐ移動するわけではない（力がかかっていない方向にも移動する）。そして、腕全体の姿勢が変化することによって、この運動方向も変化するという、非常に複雑な反応を生み出すことになる。通常のロボットの場合にも、実は、手先にかかる力の方向と、その結果手先が動く方向は異なる。この性質は、ロボットの持っている非線形性という特性のためなのだが、通常は、このような性質を打ち消すように制御されることがほとんどである。われわれが現在持っている制御に関する技術のほとんどが、このような非線形性をうまく扱うことができないからである。人間の腕部は、通常のロボットよりも、はるかに強い非線形性を持っており、もしも、従来の方法で制御しようとすると、大変なことになる。ところが人間は、このような複雑な筋骨格系を巧妙に利用し、非常に器用な運動を生み出している。いったい、なぜなのだろう。

3・2　身体の構造と環境の関係

思考実験：ドアノブはどこに？

ドア開けは、われわれが腕を使ってする作業の代表的なものの一つである。先にも述べた

「ロボティクス・チャレンジ」でも、ドアを開ける作業は、一つの重要なタスクとして取り上げられている。ここでも、ドア開けを一つの器用な運動と見て、人間には簡単なこの作業がどうしてロボットには難しいのか、そして柔らかいヒューマノイドを使うと、どのようにこの作業が簡単になるのかについて考えてみよう。まずは、ドアを開けるためのドアノブが、扉のどの部分についているかについて、思考実験をしてみよう。

読者の目の前に、仮想的に扉を思い浮かべてほしい。そして、その扉のノブに向かって、手を伸ばしてほしい。ノブはどこにあると想像するか？

この問いでは、読者に扉を思い浮かべるときに、どこにノブがあるかを指定していない。読者は、おそらくノブはここにあるだろう、と「常識的」に思っている位置に手を伸ばしているはずだ。その位置は、おそらく読者の身体の真正面、腕は少し前方に伸ばし、前腕はほぼ水平になっているのではないだろうか？　頭の上あたりにノブがあるようなドアを想像するひねくれた人は、おそらくそう多くはいまい。この姿勢は、「これからノブを回すために、手首をひねるにあたって、ひねりやすい場所」であり、「ひねったあとで、ノブごと扉全体に力をかけて、扉を開けやすい場所」だと想像される。

では今度は、ノブが、今読者が想像したよりも一五センチほど下に付いていたとして、そのノブを回すことを想像していただきたい。身体全体が揺れて、おそらく非常に開けづらいに違いない。一五センチ高くても、おそらく同じようなことが起こるだろう。つまり、世の中に存在するドアノブは、われわれの身体にとって扱いやすい場所に、扱いやすい方向を向いて、設計されているということである。そしてこれは、回すタイプのドアノブだけではなく、レバータイプや、把手のタイプ、すべてのドアノブに、さらにはドアノブだけではなく、われわれの身の回りの設計物一般に言えることである。われわれを取り巻く環境は、われわれの身体にとって扱いやすいように設計されているのである。

自動的に生み出される振る舞い

さて、人間と同じような筋骨格構造を持つロボットに話を戻そう。人間の筋骨格が、非常に複雑な構造をしているということは、すでに見てきた。その複雑な構造を数学的に解析し、人間の身体にとってどのような運動がやりやすいかを解析することは、かなり難しい問題である。人間と同じように複雑な筋骨格構造を持つロボットもまた、運動についての解析は、同じように難しいだろうが、人間が身体を動かしやすい方向には、同じように動かしやすいだろうという推論は、解析をしなくても可能である。力を入れやすい方向についても、ロボットは同じように力を出しやすいに違いない。筋骨格が同じ構造をしているのだから、同じような力学的特性になっているはずである。だとすると、人間にとって楽に操作できるドアノブは、同じ構造を持つロボットにとっても楽に操作できるのではないか、という結論に到達することができる。楽に操作できる、と一口に言っても、実はちゃんと説明しようとすると結構難しい。ドアノブの場合、手によってノブを軽くつかんでいれば、ノブが回転する方向に腕を回すには、手首のひねりを使えばよい。しかし、単に手首をひねるだけでその運動を生み出しているかといえば、手がノブをつかむことによって、ノブに対する回転以外の運動ができないように「拘束」を利用していることがわかる。ノブをつかまずに、空中でノブを動かす動作をしてみようとしても、それはそれでかなり難しい。つまり、楽に操作できるとは、動かしやすい方向には動かしやすく、動きたくない方向には、環境からの物理的な拘束がある（そして、これが操作の対象となる）ことがわかる。ドアノブに限らず、われわれを取り巻く環境は、われわれにとって使いやすいようにできている。使いやすいということは、その対象を見たり、つかんだりするだけで、ドアノブのように、環境の拘束を利用しながら、身体の構造が動きを「自動的に」つくり出すことを示しているのではないだろうか。

環境と振る舞いを記述する世界座標系

これまで長い間研究されてきた、オーソドックスなロボット制御方法では、ロボットに与えられた作業を記述し、それを実行するためにまず必要なのが、環境に固定された、すべての動作の基準となる世界座標系である。この世界座標系には、一般的に、直交三軸を持つデカルト座標系が用いられることが多い。ドアノブの位置と姿勢、ドアノブをひねると、どのような変化が起こるか、ドアを押し開けるとどのような軌道を描くかといった情報を、この座標系をもとに記述する必要がある。ドアを押し開けるロボットのほうもまた、この世界座標系に対して記述される。世界座標系を基準としたロボットの手先の位置と姿勢が、各関節の角度のどのような関数になっているか（「運動学問題」と呼ばれる）を考えておく。これらを統合して、ドアノブの望ましい動き、そして、ドアが開くときの軌道を実現するためのロボットの関節の軌道を計算して、その軌道に沿って、フィードバックによって各関節のモーターを動かし、結果としてロボットはノブをひねり、ドアを開ける。

これまでの方法で、環境（あるいは作業の対象）と、ロボットすべての記述のために、世界座標系が使われてきたのには、大きな理由がある。世界座標系という、すべての作業の基準を持ち込むことによって、ドアの記述とロボットの記述を分けて考えることができるのである。ドアを記述するときにはロボットの記述のことは気にせず、世界座標系から見たドアの軌道だけを考える。そして、ロボットを記述するときには、今度はドアの記述についてはまったく考えずに、世界座標系におけるロボットの手先座標と、関節の角度について考えればよい。これは、一見何でもないように思えることだが、ロボットがさまざまな対象を扱うために、非常に便利である。ドアではなく別の作業対象がきても、その対象を世界座標系から記述しなおせば、ロボットについての記述を変更する必要がない。ロボットが、よりさまざまな対象を扱い、汎用性を高めるためには、このような方法が適当であるように思える。

そして、このような環境（対象）とロボットの記述方法は、それぞれに記述についての分割統治を可能にする。精密な作業を実現するためには、まず、世界座標系から見た環境（対象）の記述の絶対的精度を上げる。そしてロボットのほうも、世界座標系から見た手先位置の精度を向上するように制御を変更すればよい。これですべての問題は解決するように思われる。

世界座標系が生み出す問題

しかし、これまでも述べてきたように、分割統治を持ち込むことによって、もとの問題にはなかったはずのさまざまな新たな問題が生じる。まずは精度の問題である。分割統治を行った場合、世界座標系に対する環境（対象）の記述精度とロボットの記述精度は、悪いほうに支配されることになるので、精密な作業を実施しようとすると、双方の精度を十分に高めておく必要がある。どちらか一方の精度が悪くなると、作業すべての精度が悪くなってしまうのである。

とくにドア開けの場合、ドアを開ける方向には、ドアの角度を精度よく制御し、それと直交する方向には、ドアに過大な力がかからないように、力を制御する必要がある。そしてこれらの方向は、ドアを開けるにしたがって回転するため、世界座標系に対して、ドアの動きを精密に記述し、さらに記述された軌道に対してロボットを精密に制御しなければならず、そのプロセスの途中で、少しでもドアの位置が変わったり、ロボットの身体がふらついたりして、どちら

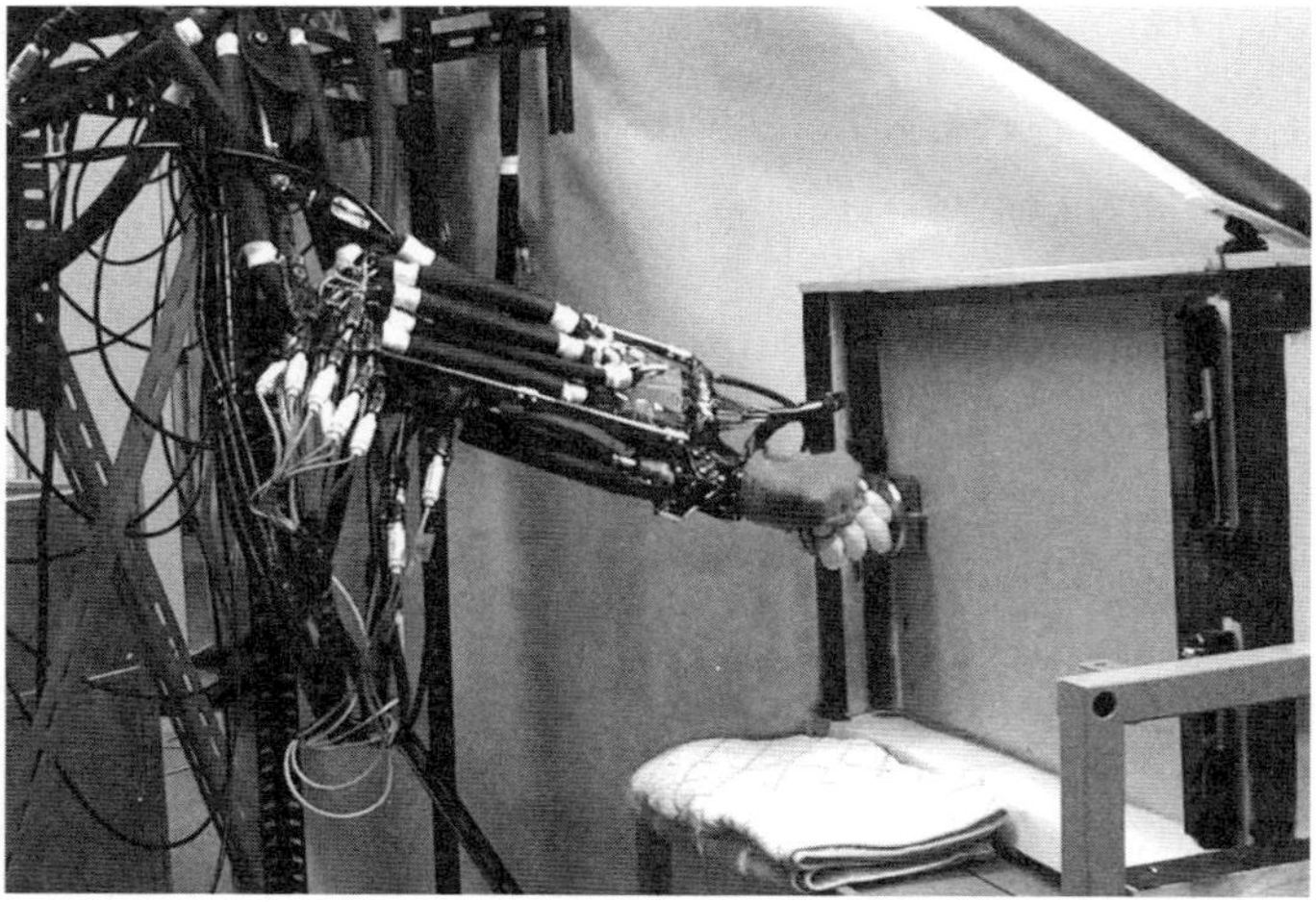

図3−3　ドア開けをする人間型筋骨格ロボット。ドアが人間にとって開けやすいなら、人間と同じような筋骨格構造を持つロボットにとっても開けやすいはずである。

かの精度が破たんした瞬間に、ロボットはドアを壊したり、自分の身体がバランスを崩して倒れたりすることになる。

与えられた作業とは独立に、ロボットの精度を上げるためには、全方向に等しく精度よく動く必要がある。しかし実際には、ロボットの身体には、その設計上、動きやすい方向とそうでない方向、精度が出やすい方向と出にくい方向がある。環境（対象）が、都合のよい方向に、都合のよい精度で要求されていればよいが、それを知るためには、世界座標系ではなく、ロボットの関節の角度で構成される新しい「空間」で作業を記述してみなければならない。

人間型筋骨格のつくる空間

さて、人間と同じ環境内で動く、人間型

の筋骨格構造を持つロボットに話を戻そう。人間のために設計されたドアを、ロボットが開ける問題である（図3-3）。この問題では、そもそもドアが、人間の身体構造で扱いやすいよう、つまり脳で過剰な計算が必要ないような設計になっている。そうでなければ、ドアを開けるために、どう開けるかをよく考えて開ける必要があり、結果的に脳の計算リソースが余計に必要になる。単純に言えば、そのドアは設計が悪く使いにくいということである。人間の筋で構成される「空間」から見たドア（ノブ）は、非常にシンプルになっている可能性が高く、たとえば精度を取り上げるとすると、この「空間」から見たときに、筋として精度が出やすい方向と、出にくい方向に、ドアのそれぞれの対応する動きが記述されるであろうことが期待される。

話がややこしくなってしまったが、人間の身体の扱いやすい方向には、数学的記述もシンプルで扱いやすく、そして環境もまたその方向に対応してうまく設計されているはずだ、ということである。

これまでのロボット工学の常識では、できるだけ環境と振る舞いの記述は分け、独立して議論すべし、だったが、人間を取り巻く環境と、そこで動く人間型筋骨格ロボットを考えると、環境と振る舞いの記述は、ある非常に強い関係があるほうがシンプルになり、それに必要な制御（脳による計算）の量も少なくなるのである。

第4章 歩きだす柔らかいヒューマノイド

——受動的二足歩行

第2章、第3章では、人間の構造的な柔らかさを、ヒューマノイドロボットによってできるだけ忠実に模倣することで、人間の知能的行動の原理を探る方法について触れた。そこで取り上げられていた作業は、物体の認識や操作などについてであった。人間をできるだけ忠実にまねてヒューマノイドをつくることにより、人間を理解し、そしてより人間に近い能力を持つロボットをつくることができる。まえがきでも触れたように、これが生物模倣・規範型ロボットを使って生物の知能を調べるための、重要なポイントの一つ目である。そして、二つ目のポイントは、本章と次章で触れるような、ロボットの構造の漸次的な複雑化である。そして、ここでも柔らかさが大きな役割を果たすことになる。そのポイントを理解するために、まず人間の二足歩行について考えることから始めよう。

4・1　人間型二足歩行

ヒューマノイドによって二足歩行を実現しようという研究は、歴史も古く、そしてたくさんの研究者が関わってきた。ロボットについて研究している日本人研究者のもっとも大きなコミュニティの一つに、日本ロボット学会と呼ばれる社団法人がある。日本ロボット学会の設立は一九八三年だが、その設立の年の一〇月に発行された学会誌第三号には、すでに、二足歩行ロボットの特集が企画されている。日本のロボット研究者にとって、二足歩行ロボットをつくることは、ロボット研究が興った当初からの、そして今も続く夢の一つであるといえる。

見た目をまねするだけでは歩けない

二足歩行を実現するために、もっとも直接的で単純な方法は、人間の構造と運動について、その見たままを再現することである。つまり、まずは人間の下肢の長さや、関節の付き方などの見た目を忠実に再現し、そして、その運動を完全にコピーする。人間のようなアームをつくって動かす場合には、これである程度人間らしい動きを再現することができるのだが、歩行ロボットの場合には、あまりうまくいかない。ロボットが地面に固定されていないので、見た目の運動を単純にコピーするだけでは、転倒してしまう。歩行を実現するために重要な情報は、人間を外から目で観察したときに得られる、長さや関節の方向、そして歩いているときの関節の角度などの静的な構造だけでなく、重さや、どのように関節に力をかけるかなどの「動特性」である。動特性は、脚の質量そのものやその分布、関節がどのような筋肉によって駆動されているか、あるいは、関節に対して数が多い、つまり冗長であるかなどの駆動様式に大きく依存しており、これらは外から観察するだけではわかりづらい。そして、動いている間に、関節がどのような角度になっているかを観察することはできても、その関節がどのくらいの力を発生しているかを正確に知ることは、とても難しい。

実は、同じヒューマノイドでもサイズが小さくなると、動特性を正確に把握しなければならないという難しさは若干和らぐ。最近ホビーショップで、数十センチの身長のヒューマノイドロボットを手軽に購入することができるようになったが、これらの歩行をプログラムすることは、人間と同じサイズのロボットを歩行させることに比べて、格段に楽である。これらのヒューマノイドのもっとも大きな特徴は、身長に比べて大きな足を持っていることである。大き目の足裏を持つことによって、ロボット全体がバランスを取りやすい構造になっている。人間の足裏は、これらのヒューマノイドに比べると狭く、バランスを取ることは難しい。そして、サイズが小さいことによって、重さや慣性によってもたらされるバランスに関わる力は、摩擦力に比べて相対的に小さくなる。重さは長さの三乗に比例するのに対し、摩擦力に関わる表面積は長さの二乗に比例するからである。したがって、小さいヒューマノイドを制御するために、静的なバランスをとることは、人間サイズのそれを動的に制御するよりも簡単になる。

ヒューマノイドの歩行制御

人間と同じくらいの大きさのヒューマノイドを歩行させるために、現在もっとも有力な方法の一つを説明しよう。まずロボット全体のラフな動きを、たとえば、倒立振り子（逆さ振り子）であると仮定してバランスを考慮しながら設計し、その動きを実現するための各関節の動きを求める。そしてロボットを動かすときには、この関節の動きを実際のバランスを考えることによって修正し、制御によって実現する。このような方法をロボットに実装しようとすると、これらの動力学的な計算をし、状況の変化を考慮してリアルタイムにロボットを制御するための巨大な計算能力を備えたコンピューターが必要になる。最近になってようやく二足歩行ロボットが、不整地を歩くことができるようになった背景には、ロボットに搭載できるコンピューターが、このような複雑な計算を、歩行する速度に間に合わせてできるようになったということもある。なぜ、このように二足歩行は困難を極めるかを考えてみよう。

まず、技術的にもっとも難しいのはモーターである。モーターは、磁石がつくり出す磁界に電流を流すことによって力を発生するため、発生できる力の大きさは、長さの二乗に比例する。質量は長さの三乗に比例するので、モーターが発生する力に頼ることは、サイズが大きくなればなるほど不利になる。このこともまた、サイズの小さいヒューマノイドは簡単に実現されても、大きなサイズでは難しいことにつながっている。

そして、モーターが力を発生できない結果、代わりに速度を犠牲にして力を発生するために、減速機をとりつけることになる。減速機を使う場合、その本質的な摩擦によって、関節に柔らかさを生み出すことが難しく、関節にとって、与えられた目標の角度を実現するという問題は簡単だが、望みの力を発生するという問題は難しくなる、ということは前章で見てきたとおりである。その結果、人間と同等のサイズのヒューマノイドに関しては、発生するべき力を計算しそれを実現するのではなく、関節の動きを決めて実現する、という方法を採ることになる。

望みの関節の動きを計算したり、各関節を望みの角度に制御したりするためには、かなりの制御コスト、つまりコンピューターによる計算とフィードバックが必要になる。人間には巨大な脳があり、脳によってこのような計算をすることはできそうだが、もし脳が四六時中、歩行のための制御にだけ時間を使っていたとしたら、おそらく外敵に捕食されて絶滅していたのではないかと思われる。人間の場合には、ここで説明したような原理とは、まったく別の原理が働いているのではないかと考えざるを得ない。

4・2　前に倒れ続ける受動歩行

「受動歩行」の原理

一方で、まったく違ったアプローチで二足歩行を実現するための「受動歩行」という考え方が、一九九〇年に、カナダの研究者タッド・マックギールによって提唱された。この考え方は、二足歩行を人間の関節機構から考えるのではなく、図4-1のような、スポークだけの車輪に還元して考えようというものである。車輪が坂の上に置かれると、自重によって坂の下のほうへと転がる。その勢いが、そのときに車輪を支えているスポークを乗り越えることができれば、次のスポークが床に衝突するまで回る。このとき、車輪は坂を下りることによって重力のエネルギーが速度のエネルギーへと変化し、回転速度が増す。次のスポークが床にぶつかると、ぶつかったことによってエネルギーが失われ、回転速度が下がるが、そのときの勢いで、ふたたび車輪を支えているスポークを乗り越えることができれば、転がり続けることができる。このスポーク一本一本を、脚の振り出しと見立てると、二つのリンクからなる機構、つまり脚が、坂を下っているとみなすことができる。これが受動歩行の原理である。

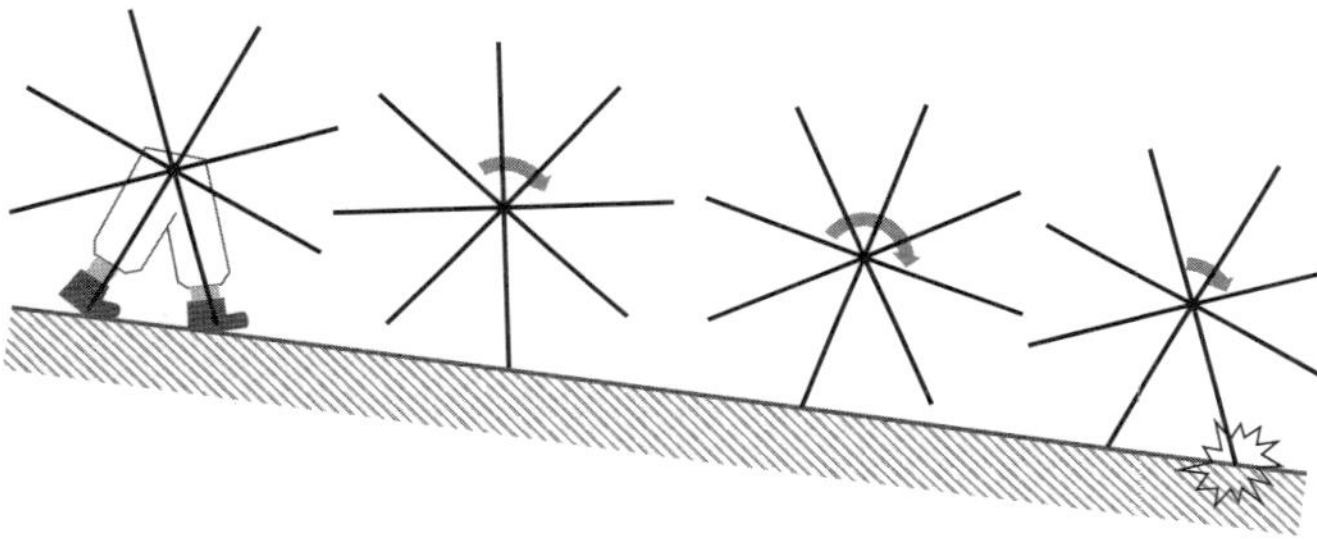

図4－1　リムのない車輪が、坂の上から転がってくる。低いほうへ転がるので、だんだんと速度が大きくなり、支えているリムを乗り越えると、次のリムが地面に衝突して、急激に速度が小さくなる。

受動歩行が興味深いわけ

受動歩行が非常に興味深いのは、条件さえそろえば、制御のためのコンピューターはおろか、センサーやモーターすらなくても、シンプルなリンク機構が「歩くように」床を下ることができるというモデルである、というところにある。そしてその歩く様子は、驚くほど自然である。そのメカニズムの持っている質量にしたがって、自然に坂を下りていくさまは、まるで何かであらかじめ計算されたかのような動きをする。しかし実際には、あらかじめ決められた軌道に沿って制御されているのではない。自分自身の重さが持つ位置エネルギーが、回転することによって運動エネルギーとなり、その運動エネルギーが衝突によって失われる、という一連のサイクルが、ロボットの持つ物理的な量に支配されているために、自然に見えるのである。外見が重く見えるものが、予想外に速く動くと非常に不自然に見えるが、受動歩行の場合、その質量にしたがって、外部からの駆動なしに「落ちていく」さまは、外からの観察にとっては予想しやすく、非常に自然に見える。

また、受動歩行には、「折り返し」と呼ばれる非線形な性質があり、これが歩行中の安定性、つまり、各関節の動きが何らかの原因で周期的な動きから外れても、その量が大きくなければ、もとの周期的な動きに戻れることにつながっているといわれている。専門的な言葉でいうと、「非線形振動子の安定性」と呼ばれる点で、少し難しい概念だが、ここで簡単に説明を試みてみよう。

受動歩行中には、「遊脚」(地面から離れて動いているほうの脚)が地面にぶつかると、今度はその脚がロボットを支え(「支持脚」と呼ばれる)、これまで支持脚だったほうの脚が遊脚となる。片方の足が地面にぶつかると、足の機能が入れ替わり、速度が不連続に変わる。このような折り返し(速度の不連続な変化)は、もっとも単純な非線形メカニズムの一つとして知られている。そして、折り返しを含むような非線形の振動には、引き込みと呼ばれる興味深い性質があることがわかっている。引き込みとは、周期的な運動に対して、何らかの原因によってこの運動から少し逸脱しても、もとの運動へと戻そうとする「引力」が働いて、また周期的な運動に戻ることである。そして、この折り返しからもたらされる安定性によって、受動歩行は、多少の歩行周期の乱れがあっても安定に継続することができる。この安定性が小さければ、このような受動歩行の性質を利用したロボットをつくっても、実際の環境で歩かせることは難しい。たとえば、すべての点にわたって傾斜角が厳密に二度であるような傾斜をつくることは難しいので、安定性が小さく、傾斜角が二度のときにかぎって歩くようなロボットには、安定な歩行はできない。傾斜角に多少のゆらぎがあっても、ある一定の範囲内に運動が収まれば、歩行を安定にすることができる。非線形振動に基づく歩行の安定性については、非常に興味深い点が多く存在するが、本筋からは外れてしまうので、話を次に進めよう。

もう一つ、受動歩行が非常に面白い点は、その動きが人間と同じくらいのサイズで実現可能なところにある。もうお気付きのことと思うが、歩行という現象はスケーラブルではないのである（スケーラビリティについては、2・3節ですでに述べてある）。大きさが変わって、摩擦と、質量による慣性力の間のバランスが崩れると、それまで歩行できていたものができなくなったりする。逆に言えば、歩行が人間と同じサイズのモデルで実現されるということが、人間の二足歩行を説明するモデルの必要条件である。

受動歩行を後押しする

コンピューターによる制御もモーターも、一切がいらない受動歩行だが、もちろんこの原理だけで人間のような二足歩行ができるわけではない。受動歩行ができるのは、絶妙の傾きを持つ下り坂の上だけである。つまり、これだけでは、人間の歩行を説明したことにはならない。そこで、受動歩行を「少しだけ」後押ししてやることによって、平らな面を歩行させることができないか、ということが考えられた。後押しする方法としては、いくつかの方法が思いつく

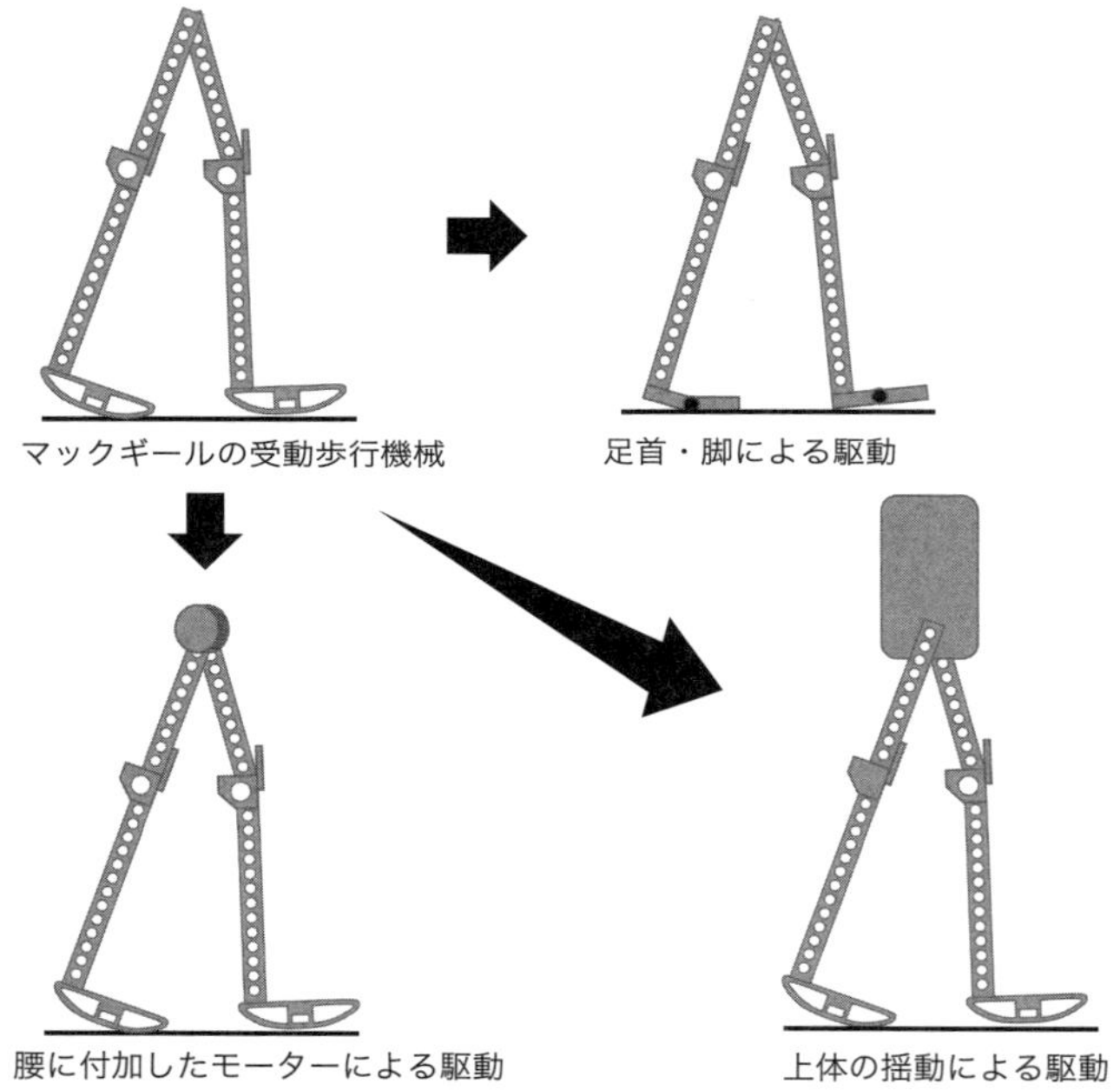

図4－2　マックギールの受動歩行機械と、その拡張。

（図4－2）。たとえば、股関節の部分にモーターを付けて駆動する、足首と足部を付けて床を蹴る、上半身を付けてゆらすことによって勢いをつける、などである。だがこの段階で、あまり制御の介入が大きいと、せっかくの自然な受動歩行が台なしになってしまう。平面を歩くときには、この後押しを利用するが、条件が合う緩やかな下り坂のときには、できれば純粋な受動歩行に戻ってほしい、また、四六時中制御するのではなく、ある限られた時間だけ入力を加えると歩くのであれば、それ以外の時間は制御（脳）を別の仕事に振り分けることができる。

この問題に対して、非常に興味深い答えを、オランダ・デルフト工科大学のマータイン・ヴィッセらは考えついた。それは、「空気圧人工筋」を使う方法である。彼らは、股関節を駆動して受動歩行を後押しすることに決めた。そして、駆動するための方法を考えた。普通に股関節を駆動する方法を考えると、モーターを使う方法がおそらくもっとも単純だが、後押ししたいときだけ駆動して、それ以外のときに制御しない、ということができるようにするには、きわめて摩擦の小さいモーターを使うか（その結果、減速機をあきらめることになる）、クラッチを使うか、という選択肢になる。しかし、ヴィッセらは、人工筋を使い、一瞬だけ空気を入れることで脚を前に振り出すことにした。

人工筋は、張力が失われると、関節に力を発生しないために、完全に自由な状態になる。残った問題は、いつのタイミングで脚を振り出すか、であるが、彼らは、遊脚が地面に着いてからある一定時間後に、もう一方の脚を振り出すための人工筋に空気を送り込むことによって、歩行を実現した。このような歩行様式を、大砲の弾が発射後は、その慣性と重力によって運動するさまになぞらえて、「弾道学的歩行」と呼ぶ。上でも少しふれたが、このようなシステムは、接地によって突然状態の変わる（折り返しを含む）非線形のシステムとなり、条件がそろえば、安定な歩行を生み出すことができる。その結果彼らは、デルフト大学のキャンパスの道を、安定に歩き続けることができるロボットを実現した。ヴィッセらはその結果を、「歩行は難しくない、ただ前に倒れ続ければよい」というタイトルの論文で発表した。

4・3　拮抗駆動

二本の筋で実現される拮抗駆動

ヴィッセらの方法でのロボットは、人工筋によって受動歩行を後押しされたあとは、基本的には脚が持っている振り子としての性質を利用して脚を振り出すような、いわゆる弾道学的な歩行をする。人工筋によって駆動されているとき以外は受動歩行となるように、という考え方から逸脱していない。ここに、生物のような筋の拮抗駆動というアイディアをプラスしてみることにしよう。

生物の関節は、基本的に、曲げる方向に付いた筋肉と、伸ばす方向に付いた筋肉が、一つの関節を引き合うことによって、曲がったり伸びたりする（図4-3）。これは、筋肉が引っ張る力を発生することはできても、押す力を生み出すことはできないからである。このような駆動の形式を、「拮抗駆動」という。拮抗する二つの筋肉で発生する力は、その差が関節を動かす役割を果たし、残りの力は拮抗する筋肉どうしでバランスする。筋肉は柔らかいので、このバランスする力が、拮抗する筋肉を同時に引っ張り、関節周りのばねとしての性質を強めたり弱めたりする。そうすることで、関節としては同じ動きをしながら、拮抗する二つの筋肉で発生する力を大きくしたり、小さくしたりすることによって、関節の柔らかさを変えることができる。力を込めながら腕を曲げることもできるし、力を抜いてブラブラの状態で曲げることもできるのである。このような拮抗駆動は、生物らしい振る舞いを生み出すために、非常に重要であると考えられている。

受動歩行の股関節を、脚を振り出すという形で駆動するのではなく、拮抗駆動を利用して、その弾性を調節するとしたら、何が起こるかを考えてみよう。股関節のばねを硬くすると、脚はより速く振り出されるし、逆に柔らかくすると、脚はゆっくりと振り出される。このように、股関節の拮抗駆動を利用して、歩行の速度を調整することができるのである。受動歩行や弾道学的歩行の場合には、脚の振り出し速度は、脚の長さや重さによって決まってしまうが、拮抗駆動の場合には、股関節の弾性を変化させることによって、歩行速度を変化させることができる。

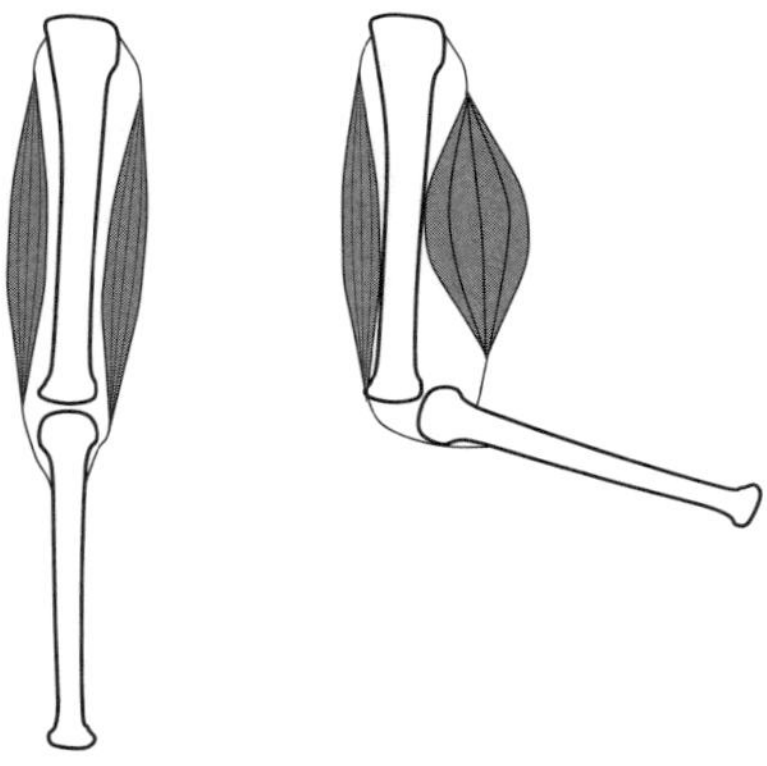

図 4－3　関節の拮抗駆動。

拮抗駆動によって速度を変える

ここで、電気モーターによって駆動されるヒューマノイドの制御について、ふたたび考えてみよう。電気モーターによって駆動される場合、もっとも一般的な方法は、先にも述べたように、身体を倒立振り子としてモデル化し、その振り子に目標となる速度を与えて、それを実現するための各関節の軌道を計算、関節ごとの電気モーターの指令へと変換して、ロボットを歩行させるというものである。したがって、電気モーターの場合は、設計者がロボットに任意の速度を与えることができる。

一方、受動歩行や弾道学的歩行の場合には、基本的に、ロボットが本来持っている脚の長さや重さなどによって決まる、ある一定の速度でしか移動することができない。拮抗駆動による歩行は、おそらくこれらの中間で、ある程度歩行速度を変えることができるが、歩行速度を直接調整するのではなく、股関節の弾性を調整することによって、速度を変化させることになる。後者二つの方法は、モーター駆動による場合と異なり、身体の目標速度がないので、それから計算される目標関節角度もまた、存在しない。受動歩行や弾道学的歩行の場合には、その重さと質量が、拮抗駆動の場合には、それらに加えて股関節の弾性が歩行速度を決めるので、直接速度を決めるための計算は必要ない。

人間が歩行するときに、時々刻々自身が歩行するための目標速度を計算しているだろうか？狭いところをぶつからないように動く場合や、ある経路に沿って歩いている場合には、そうかもしれない。しかし、比較的自由な状況で、自由に歩行しているときには、自分の身体の重さが生み出す慣性に任せて歩く受動歩行や、拮抗駆動を利用することが、その間に歩行速度の生成（計算）で脳の負担を増すよりも、生存に有利なのではないだろうか。しかも、このような歩行様式は、消費するエネルギーをより小さくすることができるのである。そういった意味で、受動歩行や拮抗駆動による歩行は、人間の歩行のモデルとして、かなり確からしいのではないかと考えられる。さらに受動歩行では、実現できる歩行速度の範囲が狭いのに対し、拮抗駆動を利用すれば、ある程度歩行速度を変えることができる。

拮抗駆動による受動歩行制御についてまとめておこう。歩行ロボットの足先には、遊脚の接地を検出するためのセンサーが付いている。ロボットは接地を検出したあと、股関節を駆動する二つの拮抗筋に、あらかじめ決まった量だけの空気を入れる（あるいは空気を抜く）。そうすることによって、股関節にある弾性を形成する。ロボットは、この弾性にしたがって、遊脚を前に振り出す。弾性が大きければ、遊脚はより速く振れ、小さければゆっくりと振れる。したがって、ロボットの歩行速度は、股関節の弾性によって変化することとなる。遊脚が前に振れるとロボット全体は前に倒れ、遊脚が接地して遊脚と支持脚が入れ替わる、という一連の動きをとる。

4・4　受動的歩行

受動的歩行の分類

ここまで、受動歩行に絡んでいくつかの歩行様式が出てきたので、先に進む前に一度名前と考え方を整理しておこう（図4－4）。まず、もともとマックギールが考えた受動歩行とは、傾斜の緩やかな坂の上から、モーターなどによる駆動が一切ない状態で、リンクの慣性だけで坂を下るような歩行である。坂を下ることによって、位置エネルギーが運動エネルギーに変わり、運動速度が増す。その後、遊脚が地面にぶつかることによって、衝突エネルギーが失われる。増した分の速度エネルギーと、失われた分の衝突エネルギーが等しければ、歩行が継続する。受動歩行は、基本的にモーターなどによる駆動を利用しないので、進むにしたがって位置エネルギーが減少する。したがって、床が平らな場合には、駆動によるエネルギーの供給がなければ、歩き続けることはできない。

歩行が継続できるように、脚の振り出しなどのタイミングで、一時的にモーターなどによって関節や体幹を駆動して、エネルギーを供給し、その一方で、駆動していない間は、慣性と重力を利用するような歩行のことを、弾道学的歩行という。受動歩行も、弾道学的歩行も、モーターによって駆動されていない間は、ロボット自身が持つ動特性に依存した歩行だけが可能で

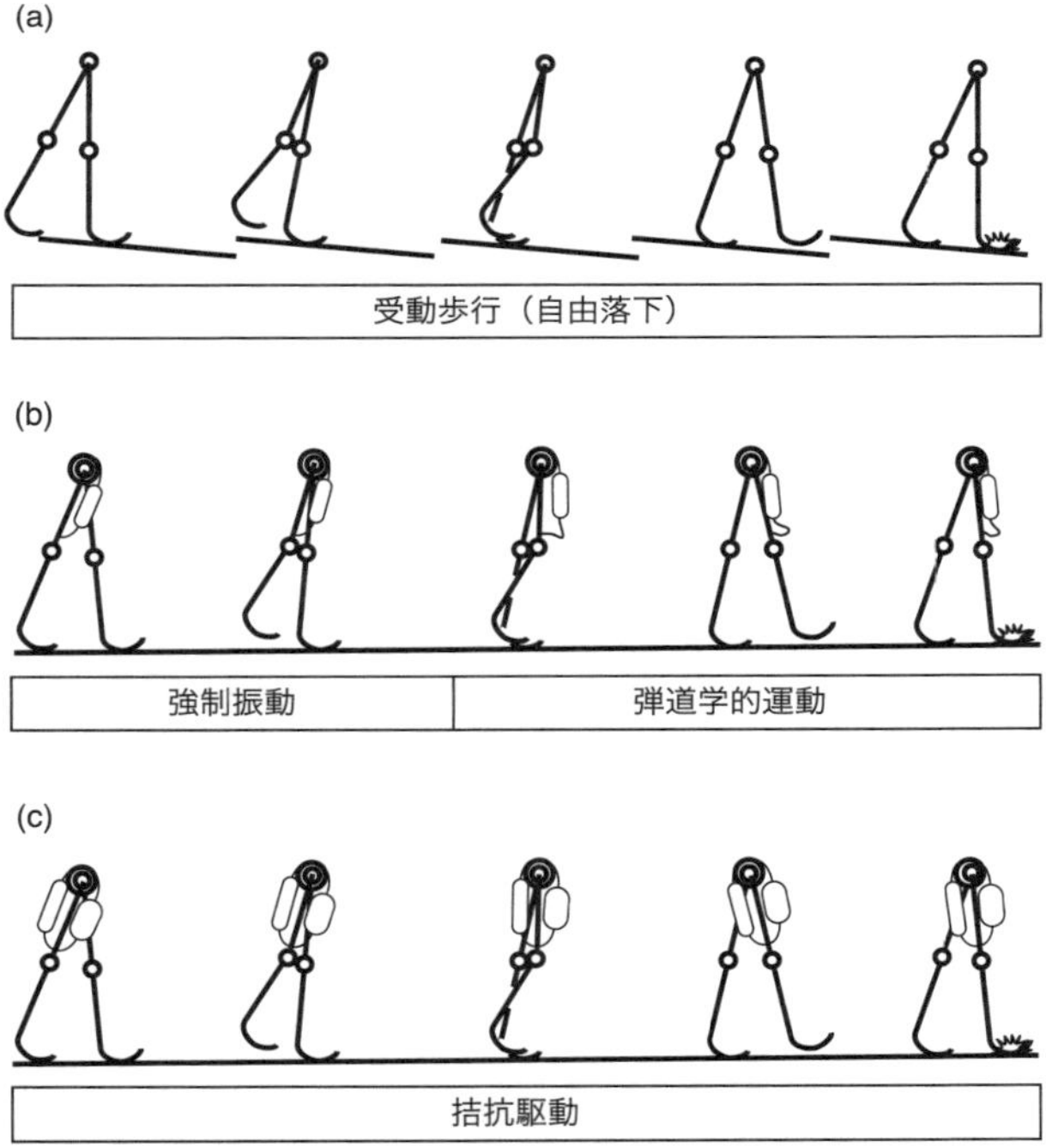

図 4－4　受動的歩行のまとめ。（a）受動歩行。（b）弾道学的歩行。（c）拮抗駆動による歩行。受動歩行は坂を下りている。弾道学的歩行は平地を体の人工筋でもって歩行する。拮抗駆動は、文字通り 2 本の筋を使い、平地を歩行する。

あり、たとえば、歩行速度を自由に変えることは難しい。

関節を拮抗駆動することによって実現される歩行は、歩行時間のほとんどで、関節に生じるばね成分と、ロボット自身の動特性に支配された動きをする。関節の軌道を能動的に制御するのではなく、おもに受動的な要素の組み合わせでもって歩行をつくり出すという意味で、受動歩行や弾道学的歩行と共通の考え方によっているが、この拮抗関係の強さを操作することによって、その動特性を変えることができ、その結果、ロボットの歩行速度をある程度制御することができる。以上の意味で、拮抗駆動による歩行もまた、受動歩行の拡大された解釈であると考えてもよいだろう。以下では、先に述べた本来の意味での受動歩行、弾道学的歩行、拮抗駆動による歩行をまとめて、「受動的歩行」と呼ぶことにする。

受動的歩行のエネルギー効率

これらの受動的歩行は、能動的な駆動を受けている時間以外は、その動特性に応じた運動をする。一方の脚が地面に着くと、もう一方の脚が地面から離れて遊脚となる。遊脚の軌道は制御によって決められるものではなく、ロボット全体の慣性と、かかっている重力、そして、床の形によって決まる。遊脚が運動する様子はボールを地面から投げる感じに似ている。ボールを投げ上げる瞬間まで、ボールには力がかかっているが、いったん投げられると、そのときに持っている勢い（慣性）と、ボールにかかる重力によってその後の軌道は決まり、そして、地面に着地するまで運動する。たまたま高いところに着地すると、運動周期は短くなるし、低いところだと逆に長くなる。したがって運動している間、望みの歩行周期や歩行速度を実現することは難しい。一方で身体にかかる重量と慣性を有効に利用するため、エネルギー効率がよいことが期待される。

受動的歩行の安定性

このような受動的歩行は、たとえば坂の角度が多少変化したり、歩行を始めるときの速度などの条件がある程度変化したりしても、結果的に、だいたい同じような歩行に落ち着くことが知られている。このような性質のことを、「歩行の安定性」という。安定性の小さい歩行は、少し条件が変わっただけで歩行ができなくなってしまうが、安定性が大きければ、多少の条件の変化にはびくともしない。たとえば、屋外などを歩くロボットをつくろうとすると、このような安定性が非常に重要になる。そして受動性、つまり柔らかさがこの安定性に大きく関与しているのである。もちろん、単に柔らかければ安定であるというものではなく、安定性に有利な構造を持っている必要がある。

そして、ようやく本章でも、柔らかさに議論がたどりつく。受動的歩行の中でも、拮抗駆動を利用した受動的歩行は、弾性を変化させることによって、歩行速度を変化させることができるだけではなく、地形の変化（ここでは坂道の勾配の変化）があっても、脚の運動が柔らかく変化することによって、安定に歩き続けることができる。減速機を介したモーターによって駆動されるロボットは、身体が硬いため、地形の変化は足裏から直接ロボットの身体全体に影響を及ぼし、そのときに生じる反力を素早くキャンセルしなければ、転倒してしまう。したがって、このような硬いロボットには、必ずと言っていいほど、足先に力センサーが付いており、そこで計測される力に応じて関節の軌道を変化させ、バランスを取る。一方で拮抗駆動による歩行を含めた受動的歩行をするロボットの場合には、ロボットの足が、いつ地面に着いたかを検出するための接触センサーがあれば、ロボットを歩行させることができる。歩行中に路面が少しくらい変わっても、その受動性が適当に反応し、安定な歩行を続けることができるのである。

4・5　柔らかい歩行ロボット

身体の硬さと床面の変化

電気モーターによって駆動されるオーソドックスな硬い歩行ロボットの場合について、床面の特性が変わったときのことを考えてみよう。硬いロボットの場合、各関節はそれぞれ独立の制御を受けているうえ、たいていはギアなどによって減速されているので、先に述べた摩擦の特性から、床面から反力を受けても、その反力によって関節の運動は変化しない。その結果、反力を受けることによる全身運動の変化は、関節が硬いために、身体全体の運動の変化につながることになる。つまり、床から足が離れたり、全身のバランスを崩したりすることになる。たとえば、ロボットが予想しないところで、床に置かれたコードを踏んだとしよう。ロボットの関節は硬いので、コードを踏んでもその影響は関節では吸収されず、関節それぞれの運動は変化しない。しかし、ロボット全体はコードの分だけ全体に持ち上げられ、その結果、バランスを崩したりする。従来の硬いタイプの歩行ロボットが路面変化に弱いのは、このように関節が硬いことが一つの原因になっていることがわかる。

では、関節に柔らかさがあるロボットが歩くとどうなるかを考えてみよう。各関節が柔らかければ、床からの反力を受けて関節それぞれの運動が少しずつ変化する。先の例で言えば、ロボットがコードを踏んでも、その反力によって各関節が少しずつ運動を変化させるため、身体の全体的な運動の変化につながりにくい。その結果、床面に多少の変化があっても、それが直接全身の運動変化、つまり転倒につながりにくい。

硬いロボットの歩行が路面変化に強くなるようにするために、床からの反力に応じて関節の運動を変化させることも考えられる。床からの反力を計測するには、まずは足先に力センサーを取り付け、その信号を各関節にフィードバックする必要がある。そのため、制御にかかわるコンピューターは、力センサーの状態を常に監視しなければならない。しかも、衝突現象は非常に短い時間に起こるので、観測するサイクルも非常に速い周期で、常に観測している必要がある。各関節の動きは、コンピューターが足先の力センサーの信号に応じてつくり出すことになる。その結果コンピューターは、非常に短い時間間隔で、次々に関節の運動に関する計算をしなければならない。ロボットのサイズにもよるが、たとえば人間ほどの大きさのロボットで、床面との衝突を検出してフィードバックする場合、この両方の要求を満たすためには、一秒に一〇〇〇回程度（一〇〇〇ヘルツ）の周期でフィードバックすることが必要となる。このように、足先に力センサーを付けて、制御用コンピューターによって、床との関係から反応をつくるとすると、コンピューターにかなりの計算負荷が生じることになる。

状況に応じた柔らかさの変化

では、ロボットの関節にばねが入っていて、柔らかかったらどうなるかを考えてみよう。ロボットが床を歩くとき、柔らかい床からは緩やかな反力を受けるし、硬い床からは衝撃の強い反力を受ける。このような反力に対して各関節のばねは、それぞれ少しずつ変形するため、床からの反力は、ロボット全体の姿勢の変化につながりにくい。また、各関節にあるばねの動きは、とくにプログラムしなくても、その特性に応じて自動的に変形するうえ、物理的なばねは、外からかかる力に遅れずに反応することができるため、制御のためのコンピューターも必要にならない。

一方で、ばねの特性は、ばねを交換しない限り変化しないので、衝突に対処するために柔らかめのばねを使うと、その脚が身体を支える必要があるときに力を出しにくい。身体を効率よく支え、駆動力を地面に伝えるためにはばねを硬くする必要があるが、今度はその脚が地面に衝突するときにバランスを崩しやすい。また、ばねが生み出す振動があまり強すぎると、身体全体がふわふわと動いてしまって都合が悪い。つまり、関節にばねがあるようなロボットが歩行するためには、状況によってばねの強さや減衰を、うまく制御する必要がある。

ここで、人工筋による拮抗駆動の登場となる。人工筋による拮抗駆動を使えば、関節の弾性や減衰を調整することができる。人工筋による関節駆動は、望みの弾性をつくり出すために、あらかじめ拮抗する二本の人工筋の空気の量を調節しておけばよく、硬いロボットの場合のように、制御用のコンピューターによって四六時中制御しなくてもよい。地面にぶつかる前に、あらかじめ関節を柔らかくして衝撃に対処し、地面に着いたら身体を支えるために空気を送り込む、ということをすれば、柔らかさの効果を利用することができるのである。もちろん、関節を柔らかくするための力センサーも必要ないので、センサーからの信号を常時監視するための計算リソースも必要ない。このように、人工筋による拮抗駆動によって、制御のためのコンピューターに高い負荷をかけることなく、しかも床面の変化に迅速に対応でき、転倒しにくい二足歩行を実現することができる。

4・6　地面を感じるロボット

硬いロボットは外界センサーによって環境を感じる

ロボットが歩行するとき、関節に弾性があることが、計測にも有利に働く。先に述べたように、硬いロボットの場合には、地面からの反力が予想に反して大きかったり小さかったりしても、各関節の動きはまったく変化しない。逆に言えば、関節の動きの変化を観測していても、床からの反力を見積もることはできない。床からの反力を計測したければ、足部に力センサーを取り付けて反力を直接計測するか、身体全体の動きをモニターする姿勢センサーなどを使って、反力を見積もる必要がある。力センサーや姿勢センサーは、環境に対するロボットの身体からの働きかけを直接計測するセンサーであり、「外界センサー」と呼ばれる。通常、環境の様子を直接計測したければ、外界センサーを用意する必要がある、ということである。

一方で、関節部に弾性があれば、制御用のコンピューターからの介入がなくても、地面からの反力によって、関節の動きが変化する。関節が人工筋によって拮抗駆動されているとき、関節にはある程度の弾性が存在するので、外からの力で関節の角度や、人工筋の長さが変化する。そして、これらの変化を観測しておけば、床からの反力について、ある程度の情報を得ることができる。つまり、床に関する情報を得るために、床からの反力を直接測る外界センサーを使うのではなく、自分の状態を測るセンサー（「内界センサー」、あるいは「自己受容センサー」と呼ばれる）を用いればよい。なお、外界センサーと内界センサーの定義については、資料や書籍によってかなり異なる。もともとの意味は、ここで書いたように、外界センサーはロボットと環境の関係を計測するセンサー、内界センサーはロボットの内部状態を計測するセンサーのことである。

柔らかいロボットは自己受容センサーによって環境を感じる

人工筋によって駆動される受動的歩行ロボットが歩行するとき、地面の変化には、人工筋の拮抗駆動によってもたらされる弾性が、制御用コンピューターの計算の助けを借りずに、自動的に、かつ遅れなく反応する。その結果、地面がある程度変化しても歩き続けることができる。そして、地面を歩き続けることができれば、とくに地面の特性を測るためのセンサーを改めて取り付けなくても、自分自身を測る自己受容センサーによって、自分の行動を観測し、その結果から環境、つまり地面の状態を知ることができる。誤解をおそれず表現すれば、ロボットは歩くことによって、自分自身の運動の変化から、地面を感じることができる。

当たり前のようにも思えるが、このように地面の特性を測るのに、特性を直接測るのではなく、ロボット自身の行動を通して測る、という方法は、前章の観測・計画・行動サイクルに沿って動くロボットと、先に物体に働きかけて情報を得るハンドに関する議論を思い起こさせる。

硬い歩行ロボットの場合、まずあらかじめセンサーによって環境を観測しロボットの運動を計画、計画された軌道に沿ってロボットを制御し、歩行行動を生み出す。一方、柔らかいロボットを使えば、このサイクルを逆転させることができる。まずロボットが、弾性がもたらす安定性を利用して歩行する。歩行することができれば、自分自身を測る自己受容センサーを使って、自分の運動を計測し、地面などの外界に関する情報が得られる（第2章でも説明した「情報の構造化」が起きる）。歩行ロボットの場合にも、ロボットハンドによる対象物の操作の場合と同様に、受動性を導入することによって、観測に関するサイクルを変化させることができることは、非常に興味深い。

第5章 ヒューマノイドの歩行を人間に近づける
——少しずつ複雑さを増す

受動歩行から始まり、より人間の二足歩行に近付けるために、弾道学的歩行、拮抗駆動と、人間が活用していると思われる駆動様式を考えつつ、柔らかいロボットの歩行能力を拡張してきた。しかし一連の受動的歩行は、脚があるだけで上半身がなく、しかもロボットの進行方向面内（「矢《し》状面」と呼ばれる）での運動しか考慮されていない。二足歩行に関する理解しやすい理論を導出するのには向いているが、人間の歩行を理解し、人間と同じ環境で動くヒューマノイドをつくるためには単純すぎる。

人間には胴体や手もあるし、歩いているのは三次元空間である。しかし三次元の柔軟で複雑な構造をいきなりつくって歩行させることは難しい。おそらくこれまでにも、人間のような歩行を実現するためには、人間と同じくらい複雑な筋骨格や皮膚などが役に立っているのではないか、と思っていた人はたくさんいたに違いない。しかし実際には、そのような複雑な構造を持つロボットは、これまでに開発されていない。歩行ロボットの研究者は、経験からロボットが柔らかいと制御が難しいことを知っている。あるいは過去に、とりあえず柔らかくて複雑なロボットをつくってみて、歩行どころか、単に立たせることすらままならないという経験をしている。その柔らかさが単純な範囲であればいいが、人間のように複雑になってしまったときに、それをすべて制御しようとしても、現状の制御技術の手には負えない。それを研究者は知っているから、あえてそのようなアプローチを取らないのである。その結果、ほとんどの二足歩行の研究者は、ロボットの動特性を正確にモデル化し、あらかじめ計算された軌道に沿って制御するという方法で、ロボットを「自らの意図に忠実に」操る方法論を選んでいるのではないだろうか。

私はもうずいぶん長い間、空気圧人工筋を使ったロボットについて研究してきたが、人工筋について説明すると、必ずと言っていいほど受ける質問がある。人工筋を使うと、人間に近い筋骨格構造を持ったロボットを設計できることは確かだが、その非線形性やヒステリシス（筋の特性が運動履歴に依存するという性質）が大きく、こちらが意図したように制御することができないのではないか。そして、人工筋によって実現されるような受動的歩行は、エネルギーや制御コストの面で確かに興味深いが、あまりに実験的で、そこから「理論」を導くことができるのか、と。人間に近い構造が人間と同等の運動知能を生み出す、ということを信じている研究者としては、これらの質問に的確に答える必要があるのだが、その一つの答えが本章で説明する、「漸次的な複雑さの追加」にあると考えている。単純に説明することは難しいので、実際にわれわれが進んできた研究の道筋を見ながら、漸次的な複雑さの追加が、どうしてヒューマノイドロボットの知能研究に結び付くかを考えていただくことにしよう。

5・1　三次元受動歩行

三次元受動歩行の実現

ここまで見てきた受動的歩行は、脚があるだけで上半身がない。そしてその運動は、ロボットを含む矢状面内に限定されていた。したがって、実際に受動的歩行についての理論を応用したロボットをつくる場合には、四本の脚を使い、二脚ずつが連動するように機械的に連結して、ハードウエア的に左右方向には倒れないように工夫し、左右方向の安定性については議論しなかった。歩行を三次元空間での運動だととらえると、それを記述する方程式がきわめて複雑になり、理論的に解析するには手におえないレベルになってしまうからである。受動歩行が発表されたとき、学術的に興味を集めた一つの大きな理由は、その動きを矢状面という二次元平面内に制約することにより簡単化し、運動に関する方程式と、床との衝突に関する方程式の組み合わせで歩行の安定性を解析できるようにした、というところにある。したがって、運動を二次元に拘束することは、受動歩行の原理を確かめるために必要なプロセスであった。

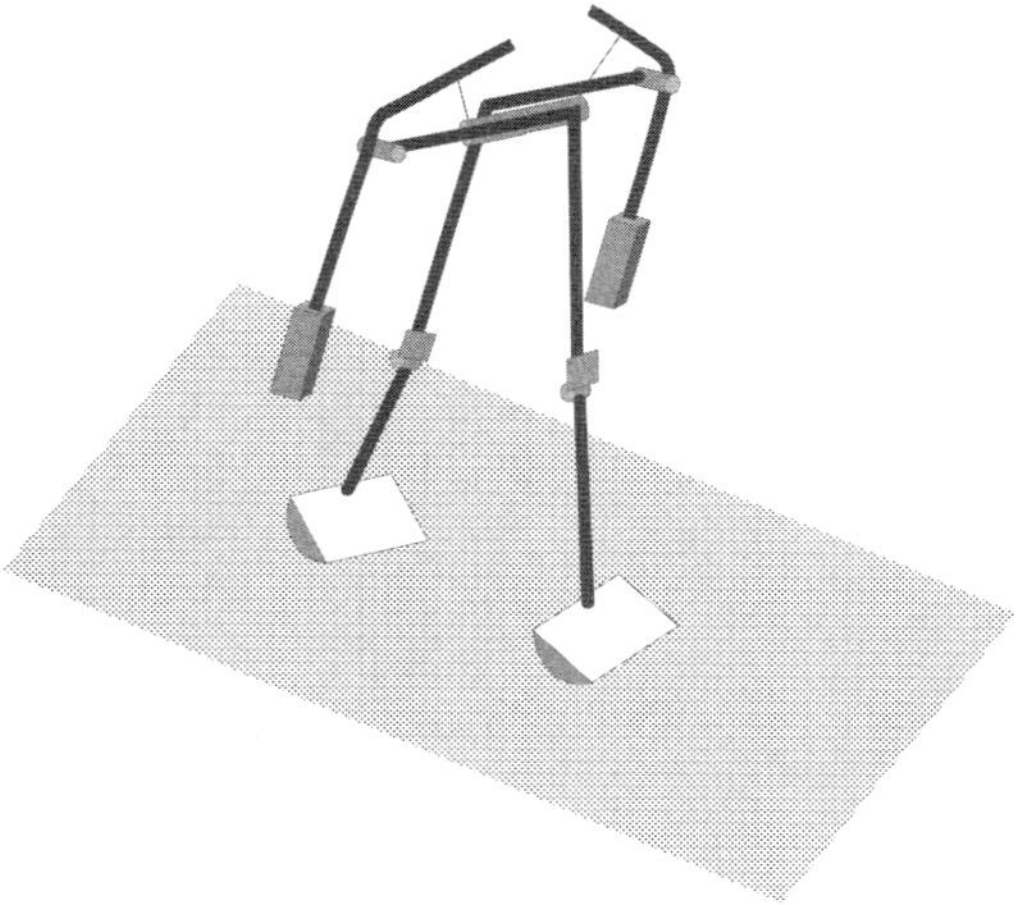

図5－1　スティーブ・コリンズの受動歩行機械。右腕と左脚、左腕と右脚が連結され、うまく左右にバランスが取れるようになっている。

一方で、受動的歩行の研究をしながら、われわれの頭を常に悩ませていたのは、平面内でしか解析できない、しかも胴体のない歩行ロボットについて研究を続けても、最終的に人間のような歩行をするヒューマノイドロボットにたどり着かないのではないか、という疑問であった。二〇〇一年、アメリカのコーネル大学の学生だったスティーブ・コリンズは、受動歩行が提案されてから一〇年経って、この疑問について一つの答えを示してくれた（図5－1）。それまでの受動歩行機械で、横方向に倒れないように四本あった脚を二本にして、矢状面内に収まらない、三次元の動きをする受動歩行機械を開発したのである。

トリックは比較的簡単で、四本あった脚のうち、二本の長さを短くして、地面に接しない程度の長さにして、前額面（身体の左右方向）のバランスをできるだけ取ったことと、足裏を左右に広くしたことである。足裏は、正面から見て、円弧のような形状をしており、右に倒れれば左に、左に倒れれば右に復元力が働くような、起き上がりこぼしのような役割を果たしている。受動歩行を三次元化しようという理論の話は、それまでにいくつかの提案があったのだが、理論に基づいて実際に歩くロボットをつくった人はいなかった。三次元の受動歩行機械を実現したのは、数学的、制御的に厳密なアイディアではなく、左右の揺動をできるだけ抑えるようにロボットの設計を見直し、二本脚になっても矢状面内の歩行に抑える、という工学的な解決策であった。

実験的に複雑さを増す

このコリンズの研究は、受動歩行の拡張の研究としては、もちろん大きな意味を持つが、受動歩行の「開祖」マックギールの研究が、どうして注目されたかを考えると、少し興味深い点がある。マックギールの研究は、先にも書いたように、矢状面内での受動歩行を、ロボットの運動に関する方程式と、床との衝突に関する方程式に縮約し、エネルギーのやり取りを数学的に扱うところにポイントがあった。受動歩行機械自体はそれまでも存在していたし、アメリカでは特許にもなっているのに、マックギールがまるで受動歩行機械の開祖のように扱われるのは、それまで行われなかった、歩行原理の数学化にある。実際、マックギールの研究を受けて、受動歩行に関するたくさんの研究が発表されたが、それらはほとんどが、受動歩行に関する物理法則を抽象化し、数学化したうえで、理論的に検討するもの、あるいはもっとも実験的なものでも、理論を逸脱しないように、平面内の運動に拘束されたロボットを扱うだけであった。極端に言えば、ある程度の理論が得られるような目算がない研究は進まなかったために、受動歩行が二次元から三次元になるのに時間がかかったのではないだろうか。

一方でコリンズの研究は、外側の脚を少し短くして腕とし、左右の揺動を極力抑えることで、二次元受動歩行から大きく逸脱しない範囲の動きとして、新たに生じた(小さな)左右方向の揺動を、足裏を工夫することによってコントロールし、ロボット全体として安定な歩行を生み出している。厳密な議論をすると、ここでの運動は、矢状面内の運動と前額面内(左右方向)の運動が、互いに干渉する非常に複雑な物理系となる。そのため、それを最初から三次元としてとらえ、理論から歩行を実現することはきわめて難しい。つまり、コリンズの研究は、理論というよりは工学的に問題を解決することによって、三次元化を成功させているのである。

ここで、われわれとして注目しておきたいことは、三次元受動歩行が、二次元のそれから実験的に少しの変更を付加することで可能となったことである。もしも、二次元受動歩行の理論を三次元に拡張し、三次元での理論からロボットを設計するとなると、理論が成熟するまでに時間がかかる。三次元の理論なしに、直接三次元のロボットを工学的に実現しようとしても、工学的に探索すべき解空間が大きくなりすぎて、実現は難しい。コリンズが意図してそのようなアプローチをしていたかどうかは定かではないが、受動歩行を三次元に拡張するためには、このような漸次的な変化が必要だったのではないかと考える。そして、いったんロボットが実世界で動き出すことができれば、少しずつ実験パラメーターを変化させることによって、それらがロボットの動きにどういう影響を与えるかを調査し、ロボットの動きをさらによいものへと変えていくことができる。このように、実験的に複雑さを少しずつ増していくことが、実際の環境内で動く人間型（生物型）ロボットをつくっていくうえで、非常に重要になるのではないか。

5・2　歩いてみてわかること

受動的歩行を三次元に拡張する

さて、われわれの研究チームはというと、前章で説明した、拮抗駆動による受動的歩行の考え方にたどり着いたところだった。コリンズと同じような考え方をすれば、拮抗駆動による受動的歩行でも、三次元歩行を実現できるようになるはずである。そして、拮抗駆動を用いることで、歩行速度を変えることができるようになるだけではなく、足首にも拮抗する人工筋を付けることで、拮抗の度合いを変化させ、足首の角度も変えられるようにした。そうすることによって、左右方向のバランスを変化させることができると考えたからである。

今から考えれば、この足首部にもある種の柔軟性が実現されるため、それを積極的に使って、たとえば地形の変化などに対応できたかもしれない。しかし当時は、とにかく受動的歩行を三次元に拡張することを考えていた。そして前節でも書いたように、三次元で、とりあえず人間らしい歩行を実現するためには、理論的にアプローチするのではなく、すでにある程度動くことがわかっているシステムに、実験的に複雑さを増す手法がこの分野では有効なのではないか、という考えに至っていた。

まずは、身体の形状を変えただけで、歩行のための制御は、二次元の場合の拮抗駆動による受動的歩行のためのそれを変えることなしに、このロボット（図5-2）に使うことにした。その歩行制御は、遊脚が地面と衝突したことを検出した時点から、ある一定時間後に股関節の拮抗筋にある空気を供給（あるいは排出）し、関節にある一定の弾性をつくる、という例の方法である。今度は、どのくらいの時間遅れで関節の弾性を変化させるかや、関節に弾性をつくるための空気圧を調整する以外に、左右のバランスをとるために、足首の空気圧を考える必要があった。

非線形性の壁

さて、これらの制御パラメーターを探す段になって、われわれの前に立ちふさがったのは、非線形性の壁である。線形性は本書でもすでに出てきている性質であるが、ここでは「車が線

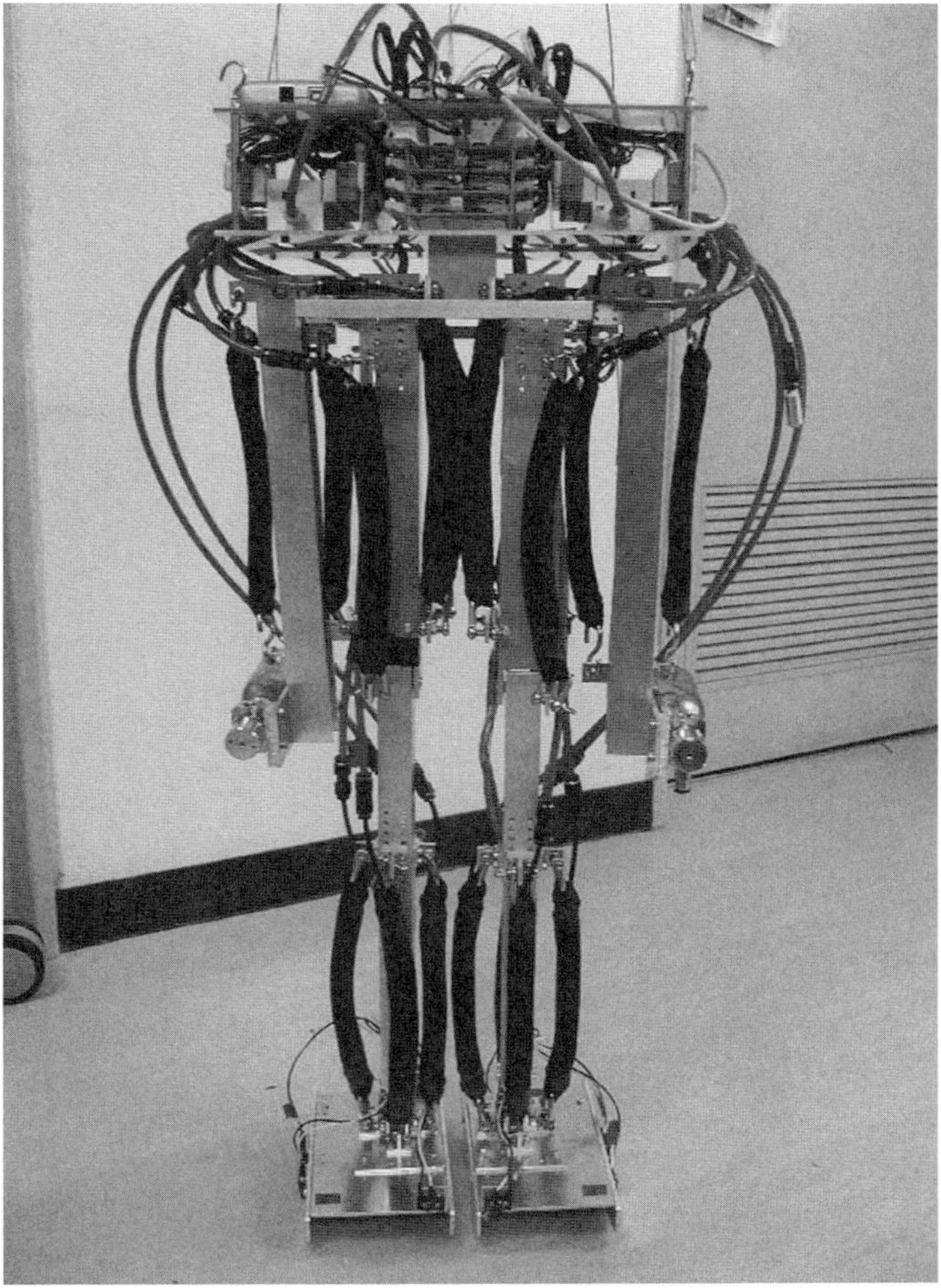

図 5 − 2　拮抗駆動による三次元の受動的歩行ロボット。まだ上体はない。コリンズのロボットのように右腕と左脚、左腕と右脚が物理的に連動している。

形なシステムであったとしたら」という例題を使って、改めて説明しよう。

もし車が線形なシステムであったとすると、100キログラムの車にある力をかけたときに生じる加速度に対し、200キログラムの車に同じ力がかかったときの加速度は1/2倍になる。500キログラムだと1/5である。このことから、700キログラムの車に実際に力をかけなくても加速度は1/7になることが予想される。これが線形性であり、簡単に解釈すれば、事象の一部を観測すれば、それまでに経験したこともないことを外挿（予想）できるようなシステムの特性のことを言う。これまでに多数開発されてきた装置や道具は、この線形性を巧妙に利用し、数学的に厳密な証明に裏付けられた制御則を適用することによって発展してきたと言っても過言ではない。システムが線形であれば、それまで経験したことがないことでも予測が可能であり、全体の挙動を一部の観測から推定することができるのである。

ロボットは一般的に非線形性の強いシステムと言われているが、前述したように、関節の減速比が大きければ、各モーターが、ロボットのほかの部分の運動の影響を受けにくいために、仮想的に、モーターごとに線形であるとみなすことができる。そして、その線形性をよりどころに、産業用ロボットのプログラムなどは、ほとんどが線形のシステムによって制御されている。

ちょっと乱暴な考察になるが、もしも歩行ロボットが線形であったとすると、歩行のためのパラメーター探索はどうなるかを考えてみよう。厳密に言えば、線形であるかないかは、対応するパラメーターと注目すべきロボットの振る舞いが決まらないとわからないのだが、ここでは、ロボットの制御に前提とされることの多い線形性に関する仮定と、非線形の難しさを直感的に理解してもらうことを目的として、極力単純に話をしてみる。

ある制御パラメーターAが30のとき、ロボットの遊脚が地面に着いた瞬間の身体の傾きが20度、パラメーターAが35のときに、傾きが25度だったとしよう。このパラメーターと姿勢の線形性が強ければ、実際に実験をしなくても、Aが32のときには、傾きは22度くらいになると予想することができるし、40になったら、おそらく30度だということも予想できる。いくつかの点だけを計測すれば、それをある程度の広さまで拡張することができる、というのが線形性の有利な点である。しかし実際には、三次元化した拮抗駆動による歩行ロボットは、前述したとおり、非線形性が非常に強く、パラメーターAが30および35のときは体が前に傾いて遊脚が地面に着くが、32のときにはそもそも身体が前に倒れず、遊脚が地面に着かなくなってしまう、というような現象が起こる。

歩行可能なパラメーターの発見

受動的歩行に関する理論や実験、それまでの経験から、新たに試作した三次元ロボットにも、歩行することができるパラメーターが存在するのではないかとは思っていたが、それが具体的にどのあたりかということについては、この非線形性が邪魔をして単純に予測することができない。たとえあるパラメーターで一、二歩歩いたとしても、それをさらに調整して三、四歩と歩数を線形に増やすことは難しい。もう少し直感的に言うと、このような歩行ロボットの場合、歩行を実現できるパラメーターの領域は、全体の領域に比べてきわめて狭く、ある領域に固まっているうえに、その領域の近辺の性質を使っても、それを探索することが難しいということである。それは、歩行できるパラメーターを見つけ出すために、線形システムでは有効な探索方法がほとんど役に立たないということを意味する。

では、このようなロボットが歩行できるようなパラメーターは、どうやって見つけ出せばよいのだろうか。何か頭のいい方法があるかもしれないが、とりあえず線形性を利用した探索がうまくいかないことがわかった時点でわれわれがとった方法は、パラメーターが取りうる範囲全体についての全域探索である。しかも、安定なパラメーターの集合の広がりも、非線形性が強ければ小さくなってしまうので、探索するパラメーターの刻みもある程度細かくなくてはならない。工学で一般に用いられるような局所的な情報を使って探索する方法にとって、きわめて厄介な対象である。われわれの研究チームでも、このロボットを試作してくれた学生が、ロボットの調整をしながらパラメーターを変えて実験し、またロボットの調整をする、という試行錯誤的な作業を二か月以上も繰り返すことによって、やっと歩行可能なパラメーターを見つけ出した。受動的歩行の場合、ロボットが歩きだすときの適当な初速度を見つける必要もある。ロボットの調整、パラメーターの探索、初速度の試行錯誤の三つどもえに、先に述べた解領域の少なさも相まって、その作業はつらいものだったに違いない。ついに歩行可能なパラメーターと設定を発見し、発表のためのビデオ撮影の際、ロボットが一歩目を踏み出したときにその学生が発した「いいね～」という喜びの声が、その探索のために払った労力を物語っている。それほど、解空間は狭い。

歩行可能なパラメーター周りの探索

さて、歩き始めるまでの説明が長くなったが、いざロボットが歩くパラメーターが見つかると、とたんに研究は進みだす。まずは、その歩くパラメーターの周りに探索をかける。少しずつ値を変えてみて、歩き続けることができるかどうか、そして歩き続けるとしたら、行動がどのように変化するかを観測することができる。これは、制御工学などでよく使われる「平衡点周りの線形化」と同じである。ある点を中心に、パラメーターをわずかに変化させる。パラメーター変化がわずかなので、それに対するシステム全体の性質の変化は、ほぼ線形になる、という性質をうまく利用して、周囲を再探索し、特性を記述する方法である。前段階で試行錯誤によって発見されたピンポイントの歩行パラメーターは、その点周りの特性を記述するためのモデルへと変化する。

非常に興味深いのは、この段階までくると、歩きだす前までは、本当にどうしようもなく歩かなかったロボットが、多少のパラメーターの揺れがあっても歩くようになる。受動的歩行には、先に説明した非線形振動子としての安定性があるからだと思われる。一見、解空間の狭さと安定性は矛盾しているように思えるが、これが、非線形性がもたらす非常に興味深い性質なのである。解の領域がきわめて狭いというだけでは、その解を試行錯誤の探索の結果見つけることは、ほとんど不可能である。解の領域は非常に狭いが、その領域付近には、多少のパラメーターや設定の揺れを許容する安定性があってこそ、探索で発見することが不可能ではなくなる。二足歩行は、一見、単に二本の脚が交互に動いて前に進むだけのようにも見えるが、その動的な特性は、じっくりと考えれば考えるほど、興味深い。人間だけが定常的な二足歩行をすることと、二足歩行が持つ動的な複雑性を考えると、やはり人間の知能は、ほかの生物に比較して、高いと思わせるような何かがあるような気がする。

5・3　上体を持つ受動的歩行ロボット

歩行できる解が、全体的に見ると探索しづらいものの、いったん解が見つかると、その解の周りには、安定に歩くことができる領域がある、という感覚はわかっていただけるであろうか。逆に言えば、歩いてしまえば簡単にわかることも、何の前提もなく発見することは、かなり難しい。本章のはじめに述べたように、いきなり複雑な構造を持つロボットをつくっても、歩行させることができる解領域を見つけることは絶望的である。しかし、そのロボットよりも単純なロボットについて、すでにいろいろな実験データがあり、解空間についてのある程度の見積もりがついていたとしたら、どうだろう。三次元の受動的歩行ロボットをいきなりつくって、歩行させることができるパラメーターを発見することは困難を極めるが、二次元の受動的歩行ロボットを歩かせることは、三次元のものよりは簡単だろうし、しかも、二次元のロボットの解の性質などがある程度わかっていれば、三次元のロボットのパラメーターを探索するために、その知見を利用して解を探すことができる。受動的歩行のように、解空間が狭い場合には、ロボットを一足飛びに複雑にしてしまうのではなく、少しずつその複雑さを増していくことによって、効率的に解を見つけ出し、そしてその解の周りを探索することによって、さらなる知見を得る、というサイクルを利用することができる。

ここまでで、二次元の受動的歩行の知見を利用して、三次元の受動的歩行の狭い解を見つけ出し、そしてその解を利用することによって、三次元歩行の速度をある程度変化させるなど、コントロールすることができた。そこで、さらに身体の複雑さをだんだんと増すことによって、解を見つけ出しながら、先に進むことを考えよう。

受動的歩行ロボットへの上半身の付加

先にも書いたように、一連の受動的歩行は、脚があるだけで上半身が考慮されていなかった。受動歩行の研究を始めたころ、われわれがひっかかっていたのは、受動歩行の研究を進めていくことによって、二足歩行に存在する特定の動特性に関する詳細な理論を理解することができても、上体を持つことを含めより複雑な人間の歩行を理解し、人間と同じ環境で動くことができる。ヒューマノイドは実現できないのではないか、という点であった。一方で、仮にものすごく動く二足歩行ロボットを実験的に実現できたとしても、そこに理論がなければ学術的な意味がなく、広く使われる知識にはなりえないのではないかとも思えた。長い間、研究上のこのような矛盾に悩んでいたのだが、ここで述べるような漸次的な複雑さの増加によって、それを説明する理論をつくることが難しい複雑な身体についても、歩行を実現することができるし、一方で身体の複雑な柔らかさなど、理論では扱うことが難しい要素の重要性も示すことができるのではないかと考えるようになった。

三次元の受動的歩行までたどり着いたわれわれが次にしたことは、この受動的歩行ロボットに上半身を付けることであった。歩行だけできる下半身のロボットがあってもしょうがない。二足で移動可能なヒューマノイドなら、歩行によって移動し、移動した先で上半身を使って何らかの作業をすることが期待されるだろう。また、上半身があることによって、受動的歩行が人間の歩行を説明する、よりよいモデルになるのではないかとも考えた。受動的歩行が可能な下半身に上半身をピン止めするだけでは、上半身が腰の関節周りにぐるりと回ってぶら下がることになり、上半身を持つことにはならない。上半身を支えるには、接地している脚（支持脚）に対して、上半身を支えるための力を出さなくてはならない。

ここまで開発してきた受動的歩行ロボットは、人工筋による拮抗駆動を利用してきたので、上体を支えるためにも、このような拮抗駆動を用いることにする。実は、上体を支えるのにも、このような拮抗駆動は、電気モーターに比べて有利である。電気モーターを使って上体を支えようとする場合、上半身がどちら方向に倒れているかを何らかのセンサーで検出し、倒れているのと反対方向の回転トルクを、支持脚から上半身に対して与える必要がある。一方で、拮抗駆動を用いると、上半身は支持脚に対して、ばねのようなもので支えられている状態になるので、上半身が片方に倒れようとすると、自動的に反対方向の回転トルクを発生することになり、センサーやトルクの回転方向を制御するためのからくりが必要にならない。

理論的アプローチと実験的アプローチ

同じ時期に先に登場した、二次元の受動的歩行を空気圧人工筋によって実現したヴィッセらもまた、上体を持つ受動的歩行ロボットをつくろうとしていた。彼らは上体を支える方法を、モーターによる制御ではなく、「二分割メカニズム」と呼ばれる機構を使って実現した。二分割メカニズムはギアとチェーンからなり、上体が、支持脚と遊脚のなす角のちょうど二分の一のところにくるように機械的に支える機構である。このメカニズムもまた、回転トルクをコンピューターによって制御するのではなく、メカニズムとして自動的に上体を支える方法を採用している。そして、まずは二次元の受動的歩行に上体を付加したロボット「マックス」を開発し、さらにそれを三次元に拡張した「デニス」をつくる、というように、漸次的にロボットの身体の複雑さを増していった。われわれが、先に三次元に拡張したあと上体を付けたのとは順番が入れ替わっているが、漸次的に身体の複雑さを増すという意味では、同じようなアプローチを採っている。身体の動特性を最大限に利用して歩行をつくり出そうという動機があれば、その結論はおのずと似てくるのかもしれない。

ヴィッセらの研究グループは、われわれが受動的歩行の研究を始める数年前に、最初の二次元受動的歩行ロボット「マイク」を作成しており、その人工筋の使い方には学ぶものが多かった。正直に言えば、最初のうちは彼らの方法を模倣して研究を立ち上げたようなものである。その意味で、彼らの研究グループはわれわれの先を進んでいたのであるが、上体を持つ三次元受動的歩行ロボット「デニス」を最後に、空気圧人工筋を用いた受動的歩行ロボットから手を引いてしまった。彼と議論したのは、受動的歩行は大変興味深い現象なのだが、そこから理論を導くのは難しく、理論にならなければ研究内容を学術論文としてまとめようとしても、査読者が新規性、有用性を認めないということである。

実際、一九九〇年にマックギールが書いた論文以来、たくさんの人が受動歩行を研究してきたが、その内容は、ほとんどが運動方程式やエネルギーのやり取りについての理論的論文であり、受動歩行を利用した、新しいタイプの歩行ロボットに関する論文は、前に書いたように、コリンズの論文の登場まで、ずいぶんと間が空いていた。ヴィッセらも、論文になって出版された研究は、ほとんどが理論的に美しい部分——たとえば、歩行安定性をグラフにして、その領域の広さについて議論したもの——などであり、上体を付けた受動的歩行については、論文化するのは難しいと言っていた。「デニス」の開発後、制御することが難しい空気圧人工筋をあきらめ、より設計者の思ったように制御可能な電動モーターへと回帰していった。電動モーターのほうが制御性能がよいという理由のほかにも、空気圧人工筋を使った実験的な二足歩行ロボットでは、論文を書きにくいということも理由なのではないかと思う。

脱線ついでに書いておくと、「デニス」はその後の二〇〇五年に、科学技術分野ではもっとも注目を集めている雑誌の一つ『サイエンス』誌の論文の一部として掲載される。論文のポイントは、受動的歩行を用いると、歩行に必要なエネルギーは、これまでに開発されてきたヒューマノイドロボット（たとえば、本田技研のアシモ）が必要とするエネルギーの、約一〇分の一となり、しかもこの消費エネルギーは、人間の歩行時のそれと同程度である、というところにあった。先にも書いたが、このような受動的歩行ロボットに関する議論は、ロボット専門の技術的な論文誌では評価されづらい。このような実験的な論点と、これまで使われてきた技術的な論点の間のギャップに長い間悩んでいたが、実験的な論点であっても、『サイエンス』誌のような科学技術に関する一般雑誌には掲載され、しかも、『サイエンス』誌のほうが多くの人に読まれるために評価が高い、というところに、今後このようなタイプのロボットを、学会や社会に、どのように説明していくべきかについて悩みを深くしているところである。

漸次的に複雑さを増すことによる三次元二足歩行の実現

上体付きの三次元の受動的歩行ロボットに議論を戻そう。モーターと減速機で駆動された多関節のロボットについて、その動特性を設計者が解析し、分割統治によってその動きを設計者が描いた動きと同じになるように、コンピューターによる制御を加え、二足歩行を実現する方法が、多くのロボット研究者によって進められてきた。われわれは、そのような方法論を採用するのではなく、身体が持っている特性を最大限に利用し、ほとんど計算なしに受動的歩行ができるように、三次元二足歩行ロボットを開発した（図5-3）。

このロボットの開発にあたって、先行して開発した、二次元上体なし二足歩行ロボット、三次元上体なし二足歩行ロボットでつちかった知見をいかし、拮抗に配置された人工筋によって、上体を支持脚に対して支える、上体あり二足歩行ロボットを実現した。もちろん、先行する上体なしロボットについての知見がなければ、このロボットを歩かせることは難しかっただろうと思われるが、それまでに、たとえば接地してから一定のタイミングで遊脚を駆動するとか、足の外返しの角度を調整して、左右方向のバランスを取るとかいった、先験的知識を有効に利用したため、このように複雑なロボットでも、比較的短期間に設計、歩行させることができたと考えている。

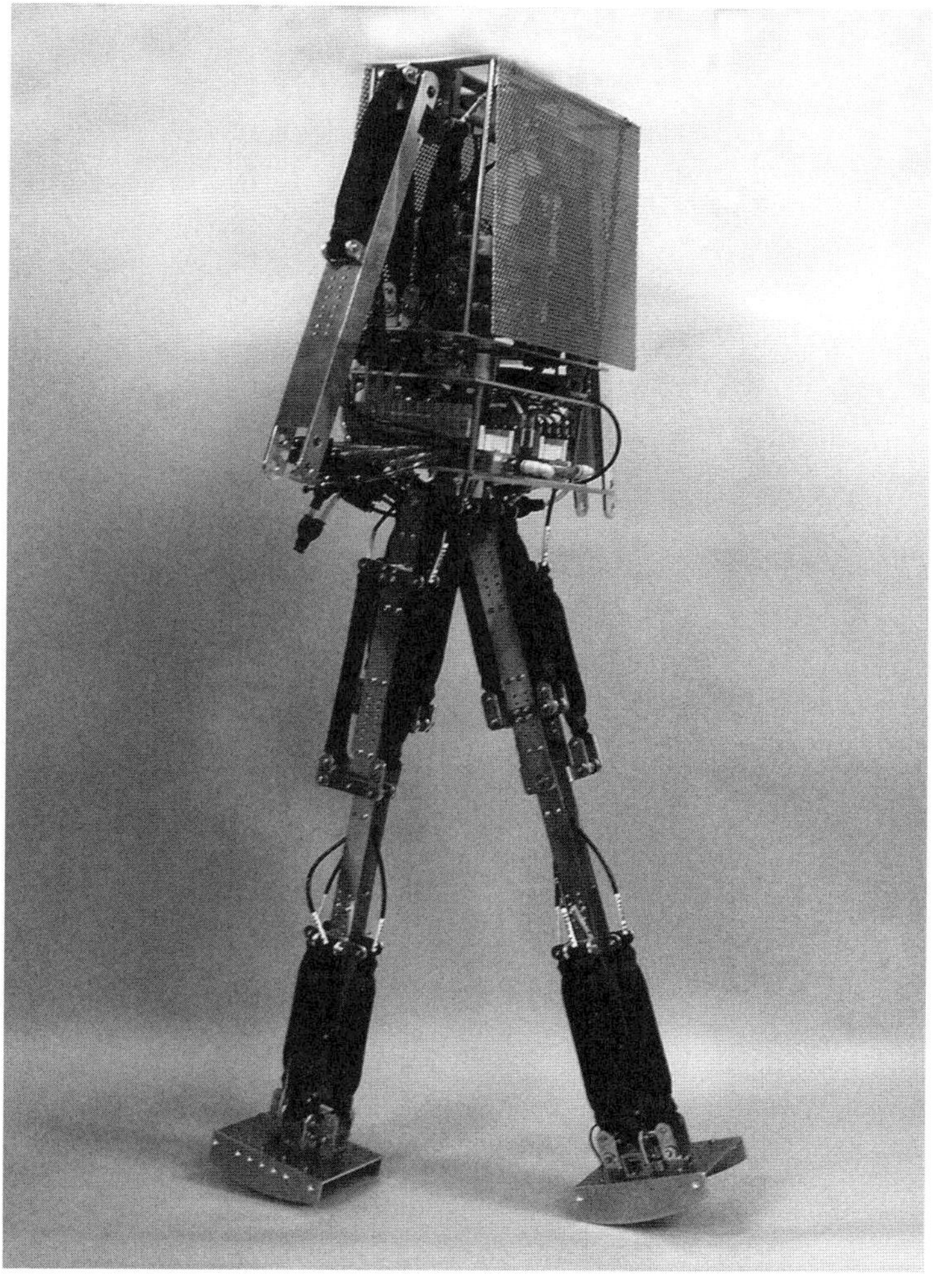

図 5-3 上体のある三次元二足歩行ロボット。下半身は受動的歩行ロボットのそれのままなので、足が円弧状になっているのが見てとれる。

5・4　立ち止まれる足部

ここまでで、人間のように上体があり、三次元二足歩行をするようなロボットをつくってきた。ここまでに得られた知見を利用しながら、さらに、複雑さを段階的に増やし続けてみることにしよう。次は、その足部に着目する。

立ち止まれる足裏の形

受動歩行は、スポークだけの車輪に似た動特性を持ち、基本的には、緩やかな坂を下ることによって、位置エネルギーを、運動エネルギーと衝突エネルギーに変換し歩行を続ける、という話をした。そして、その歩行の間、位置エネルギーを運動エネルギーに効率的に変換し、スムーズで安定な受動歩行を実現するために、マックギールは、足裏にある曲率を持たせ丸くしている（図4－4を参照のこと）。これ以降に開発された受動歩行ロボット、および受動的歩行ロボットのほとんど――コリンズのロボットも、デルフト工科大学の一連のロボットも、われわれが開発した二次元胴体なし、三次元胴体なし、三次元胴体付きのロボットたちも――は、すべて安定に転がり続けるために、足の裏はある曲率のカーブ状の形をしている。しかし一方で、足裏がこのように円弧状であるということは、ロボットを立ったままにしておけない、ということを意味している。先にも書いたように、受動歩行の機械的性質はもちろん興味深いが、われわれが実現したいのは、人間のような二足歩行であるので、人間のように立ち続けることもまた、重要な作業の一つになる。その意味で、足裏を円弧状ではなく、平ら、あるいは逆アーチ形状、つまり、円弧を伏せたような形にしたかった。

ロボットの足裏を円弧状ではなく、逆アーチ状にするために、例によって、段階的に複雑さを増すことにしよう。足裏が円弧状のときは、その形を利用して、身体は前に転がり続けることができたが、足裏が平ら、あるいは逆アーチ状になると、足裏が地面に着いたときに、身体全体にブレーキをかけることになってしまう。そのためこのままでは、受動的歩行の性質をうまく利用した、効率的で安定な歩行ができない。逆アーチ状の足が地面に着いても、身体にブレーキをかけないですむにはどうしたらよいだろうか。直感的に考えて、足首を柔軟にすれば、足首の軸回りに身体が回転することができ、その結果、ブレーキをかけずにすみそうだ。では、これまで使ってきた、円弧足が生み出す転がりによる効果と、足首の柔軟性からもたらされる回転の間には、いったいどのような関係があるのだろうか。

足首関節の柔らかさと円弧足

このような問題を考えているときに、ちょうどアメリカで行われた動的歩行に関する学会で、人間の観察結果に関する興味深い発表を聞いた。人間が歩行しているとき、足裏と地面の接地点は、まず、かかとが地面に着き、そこから前方のつま先へと徐々に移動する。足裏に固定された視点から見ると、この点の移動は、足裏表面を後方から前方へ、直線上を移動するように見える。一方でこの間に、柔軟な足首の関節の角度は、これもまた徐々に変化している。そしてこの接地点のデータを、足首に固定された視点から整理すると、きれいな円弧状に並ぶという非常に興味深いデータが示されていた。足裏が円弧状ではないのに、足首視点から見た接地点が円弧状に並ぶためには、接地点に応じて、足首の角度が変化する必要がある。受動歩行が身体を転がし続けるために円弧足が必要だったように、人間が歩行を継続するために、足首を使って身体を転がし続けると考えると、この観察は非常に興味深い。

試しに、簡単化した身体の物理モデルを、足首関節に一定の柔らかさを持たせて歩行させ、どのような推進力を生み出すかを計算すると、足首が硬く、円弧足を持ったモデルを歩行させたときと、ほぼ同等の推進力であることがわかった。円弧足を使わなくても、足首に柔らかさがあれば、受動歩行と同等の歩行が可能であるということである。そしてこうすれば、受動歩行のときには自立が不可能だったロボットも、足首を硬くすることによって、自立し、歩き出し、そして止まることができるようになる。

純粋な受動歩行から始め、このような人間らしい形にまでたどり着いたことに、われわれはかなり満足した。もともと受動歩行を研究し始めたときに、人間の二足歩行と、もっとも違うと思われていた二つの点——上体がないことと、円弧足を持っているために止まることができないこと――が段階的に複雑さを増すことによって解決できたからである。しかし一方で、段階的に複雑さを増すことについても、そろそろ限界を感じ始めた。段階的に複雑さを増やせるということは、先に述べたように、複雑さを増す前と増したあとで、定性的な性質がかなり一致していることが重要となる。当然のことではあるが、ある程度以上の複雑さが導入されると、これが、必ずしも成り立たなくなるのである。

足首関節の柔らかさが招く問題

円弧足から、足首が柔軟な平板足に変更し、ロボットを三次元歩行させようとしたときに、ちょっとした、しかし前述のように、漸次的な複雑化の限界を感じさせるような問題に直面した。二次元的に歩いていた受動的歩行ロボットを、三次元空間内で歩行させようとすると、足首部を少し外返しにして、左右方向には起き上がりこぼしのようにバランスをとる必要がある。足首部分を外返しに固定するためには、それに対応する、拮抗する二本の人工筋を硬めにしておく必要がある。一方で、足首の前後方向には、前述のように、ある程度の柔らかさが必要となる。ここで、足首を前後方向に動かす筋も、外返しを保持するための左右方向に動かす筋も、足首という一つの関節を動かしていることに注意していただきたい。左右方向にしっかりと固定するために、対応する筋に力を込めて関節を硬くすると、関節面に生じる摩擦力が大きくなり、結果的に、左右方向だけではなく、前後方向にも動きにくくなるのである。

そもそも、足首関節を外返しにすることは、ロボット全体の運動を、できるだけ二次元平面内におさえ、二次元での受動的歩行に関する知見をいかすために有効であった。ところが、足部を人間のそれを模した形（逆アーチ）とし歩行させるためには、足首を固定することが難しくなり、結果的には、歩行全体を三次元へと拡張しなければならなくなるのである。これは、足首の二つの方向に、別々の柔らかさを実現できるかどうか、という単なる工学的な問題ではない。人間でも、足首の関節はさまざまな方向から筋によって駆動されており、ここで考えたのと同じようなアプローチでコントロールされているのであれば、同じような問題が生じているはずだからである。その意味で、少しずつ複雑化することにより、より現実に近い筋骨格をつくっていくにつれて、単なる二軸に単純化してしまうことでは見えなかった問題を浮き彫りにしたわけである。

しかし一方で、歩行全体を、完全に三次元に拡張してしまうことは、それまで得られていた知見が使えなくなり、おそらく三次元歩行に関するまったく新しい原理をつくり出す方向へと移らざるを得ない。このことに気が付いたわれわれは、まずは足首の柔軟性の、継続的な歩行への寄与を確認するために、いったんロボットを二次元に戻し（図５－４）、実験を行った。三次元の実験が、すぐには実現できないと判断したゆえの選択であったが、ここで得られる二次元平面内での歩行に関する知見が、三次元でのそれにどの程度有効であるかに、疑問を持つことになった。

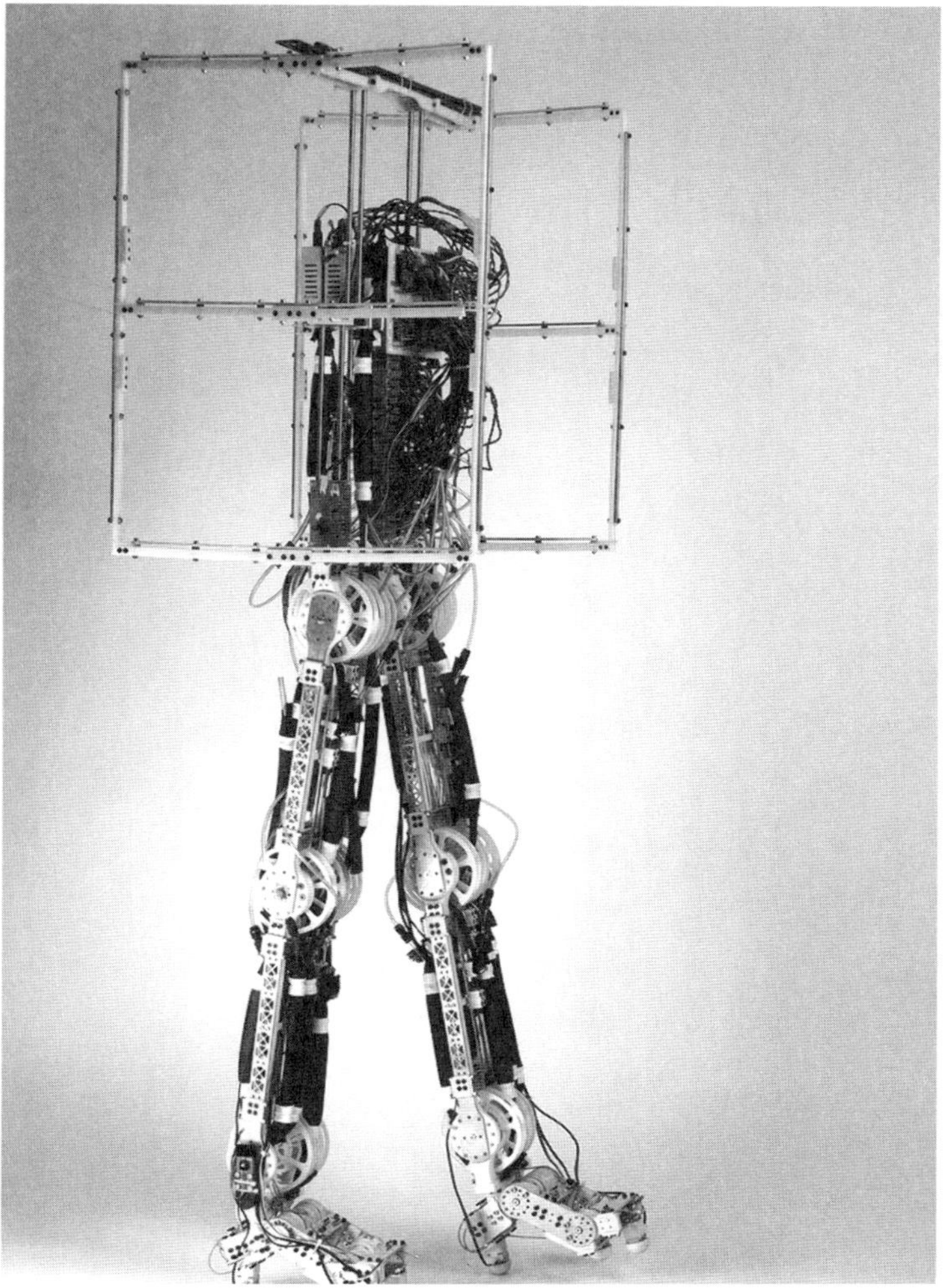

図 5－4　円弧足ではない、人間らしい足部を持った二次元受動的歩行ロボット。大きな上体もあり、外見はずいぶん人間に近付いてきた。

5・5　複雑さの増加と質の変化

複雑さの増加の限界

分割統治に頼らずに、ロボットの身体の特性を最大限に利用しながら二足歩行を実現することを目的とし、ロボットを段階的に複雑にすることによって、人間のような二足歩行ができるロボットをつくろうと、ロボットの試作を続けてきた。複雑な動特性を持ち、非線形性の強いロボットでも、より単純なロボットで得られた知見を用いれば、歩行させることができる解を見つけることができ、そして、その解の周りを探索することによって、モデルをつくれることを示してきた。

われわれの研究グループで開発してきたロボットは、最初は受動歩行、二次元の胴体なしの受動的歩行、三次元の胴体なしの受動的歩行、三次元胴体付きの受動歩行、そして、逆アーチ状あるいは平らな足部を持つ受動的歩行というように、段階的に複雑さを増し、その前につくったロボットで得られた知見をいかしながら進んできた（図5-5）。円弧のような足部を持ち、脚しかなく、二次元平面内でのみ動くロボットからスタートして、三次元の人間のようなヒューマノイドをつくるところまで、徐々に複雑さを増やすことができた、という意味では、このような方法でかなりのことがわかってきたと言える。

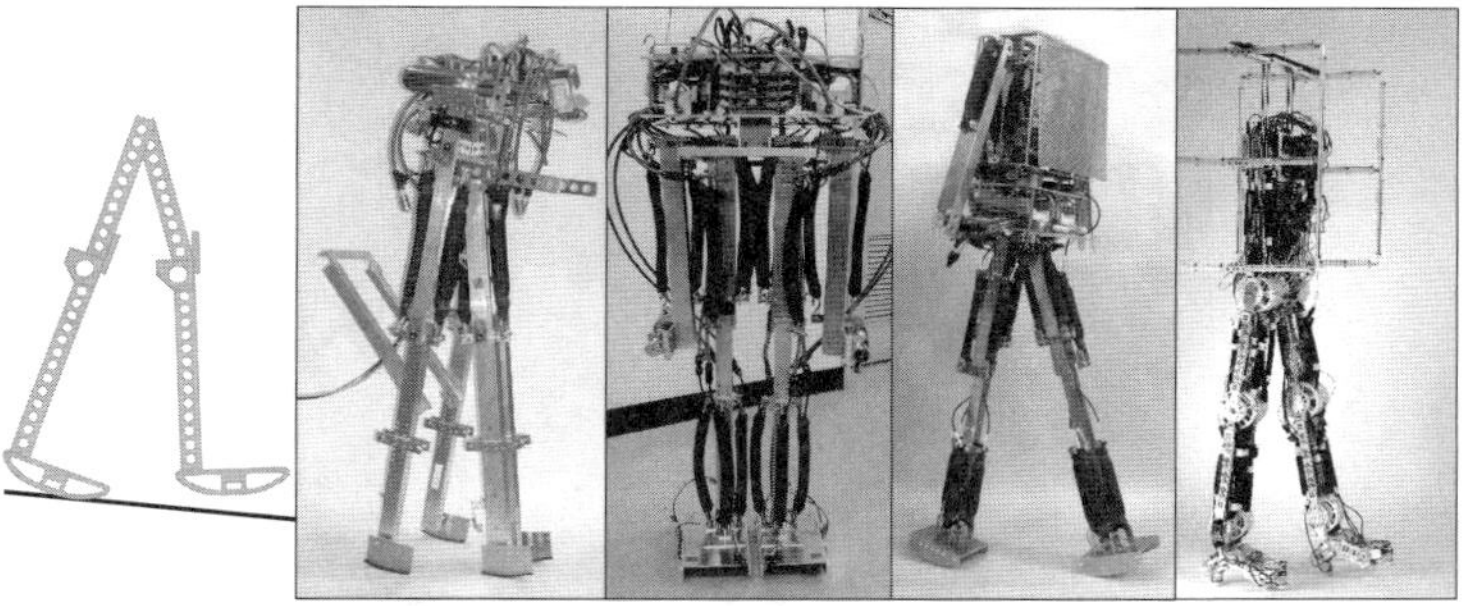

図 5－5　最初は受動歩行、二次元の胴体なしの受動的歩行、三次元の胴体なしの受動的歩行、三次元胴体付きの受動歩行、そして、逆アーチ状あるいは平らな足部を持つ受動的歩行。

実は、このようなやり方がうまくいくその裏には、ロボットが徐々に複雑になっても、共通の性質を持つ部分があり、その性質をうまく利用することができる、という暗黙の仮定がある。研究を進めていたときには、このような点にまで気が付いていなかったが、一通り複雑なロボットをつくり、そして、最終的にできたこととできなかったことを整理してみると、これらの共通点が浮き彫りになってくる。

ここまでに開発されてきたロボットは、矢状面内に運動が拘束されてはいないので、三次元の運動をすることができるが、各脚は、体幹に対して前後方向にしか動かない。人間でいうと、股関節、足首関節が屈曲・伸展するだけで、内外旋や、内外転方向の運動をしない（図5－6）。前節でも触れたように、足首が屈曲・伸展すると同時に、外返し方向に外転しようとした途端に、

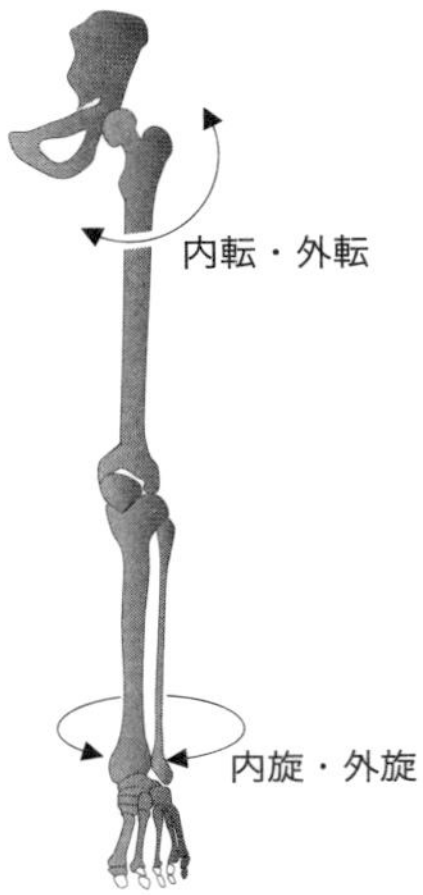

図5－6 下肢の内転・外転と、内旋・外旋。

その二つが干渉し、うまくいかなくなった。腰の関節についても同様で、屈曲・伸展すると同時に、内外旋、内外転すると、途端にそれらの運動間に干渉が起こり、うまくいかなくなる。複雑さを増すにも限界があり、ある一定以上になると、突如として質的な変化が起こり、それまで使えていた知見が、役に立たなくなってしまう。

二次元での知見は三次元で役に立たないか

人間型ロボットによって二足歩行を実現するために、徐々に複雑さを増しながら研究を進めてきたわれわれにとって、このような質的な変化は、最初は実験をしたときの体感として、さらに研究が進むにつれ、その限界がはっきりとしてきた。そして当初は、このような変化に対して、少し過敏に反応していたように思える。たとえば、脚の内旋、外旋がもたらす歩行への影響は、最初からこれらを考えに入れておかなければ、漸次的な複雑さの増加では対処できない。つまり、受動的歩行をもとにした考え方を使って、どんなに二次元の歩行が実現できたとしても、三次元になった途端、その性質は大きく変わってしまい、二次元歩行で得られた知見は完全に役に立たないのではないか、という気がし始めた。

極端な話だが、そのころは、矢状面内の歩行シミュレーターを見ても、「三次元の問題こそが本質であり、二次元で得られる知見は人工的につくられた問題を解いただけではないか」という考え方に囚われていた。現在でも、この問いに対する答えは得られていないが、それでも二次元歩行についての知見がまったく無駄だということにはならないのではないかと考えている。

人間も、歩き出しや、途中で急に進路を変えたりするときには、歩行は完全な三次元になるが、まっすぐ定常歩行しているときには、脚は移動方向の矢状面内からほとんど逸脱せず、受動的歩行に関する知見を応用可能なのではないだろうか。どのような歩行条件のときには知見が適用できて、どのような条件のときにはできないかがはっきりすれば、単純な状況での知見も、複雑なシステムに応用可能である。また、急激な質的変化をもたらすことなく、単純なものから複雑化することができる問題は、それが適用できる幅が広いという意味で、問題設定としてよいと考えるべきなのではないだろうか。

5・6　がに股の歩行ロボット

前節で説明したように、脚が矢状面内しか運動できなかったとしても、定常的な歩行の本質はある程度保存できているし、その歩行に関する性質を研究することによって、人間の二足歩行についてもある程度の知見を得ることができる。実際、世界を見渡しても、多くの研究者が、このような拘束を設けて、二足歩行の研究を進めている。この（ある意味自然な）拘束は、それを考えることによって、問題を限定し、限定することによって問題を簡単にして、答えを得ることができるという意味で、研究を進めるうえで重要である。

一方で、このように問題を限定してしまって、決定的に失われるものは何なのであろうか。もし脚の動きが矢状面内に限定されないとすれば、されていたときには見えなかった新しい真実が見えてくるのだろうか。その真実が、限定したときに得られるそれよりも、二足歩行にとって重要なのであれば、早くその研究に着手すべきだろう。では、最初から三次元歩行を考えないと出てこない重要な要素とは何だろうか。そう考えた私は、「がに股」について考えてみることにした。

赤ちゃんのがに股

がに股は、股関節が外旋することによって、足先が外側に開くような下肢の姿勢である。人間が、速いスピードで歩行しているときには、脚は、ほぼまっすぐ前方に運ばれる。身体全体の運動が、進行方向への慣性力を生み出すからである。がに股は、効率という意味では不利になるだけで、ロボットでの実現にメリットはないように思える。人間でさえ、見た目があまりよくないなどの理由で、矯正をすることが勧められるぐらいである。それにもかかわらず、私が、がに股に注目したのは、当時所属していた大型の研究プロジェクト（科学技術振興機構ERATO浅田共創知能プロジェクト）での、ほかの研究からのインスピレーションだった。

その研究プロジェクトでは、人間やロボットの知能を研究するために、発達的な側面に注目していた。たとえば、人間がある知能的な行動をすることができるのは、小さいころにそれを学習し始め、身体の成長とともに機能を獲得するからである、といった考え方である。赤ちゃんは未熟であるがゆえに、大人とは違うさまざまな身体的特徴を持つ。このような身体的特徴が、学習にとって有利なのではないか、といった考え方が、そのプロジェクト内では議論された。

ざっくばらんに言えば、子供のころには、新しいことに対する学習は比較的簡単にできるのに、大人になったらなかなかできなくなるのは、身体や脳が未成熟であるからではないか、という考え方である。そして、私が注目したのは、赤ちゃんのがに股についてである。赤ちゃんは、生まれたときには、股関節が大きく開いており、寝ているときにも、大人のように足をまっすぐ伸ばすのではなく、大きく開いて、がに股位で寝ている。おそらく筋肉の発達の順番などに大きな影響を受けていて、このような姿勢になるのではないかと思われるが、このようながに股が、歩き出すために重要な役割をしているとしたらどうだろう、と考えたのである。

がに股が、赤ちゃんが歩行を始めるために有利なのではないか、という見方は、それ以前にもあった。がに股位を取ることによって、足が外向きになるが、このような足の姿勢は、左右だけでなく、前後のバランスを取りやすい。したがって、そもそも安定に立っていることが難しい赤ちゃんにとって、このような足の姿勢は、前後左右のバランスを同時に取るために有利であると考えられていた。しかし、われわれが着目したのは、このような足の姿勢が、身体を前方に進めるのに役に立つのではないか、という点である（図5－7）。

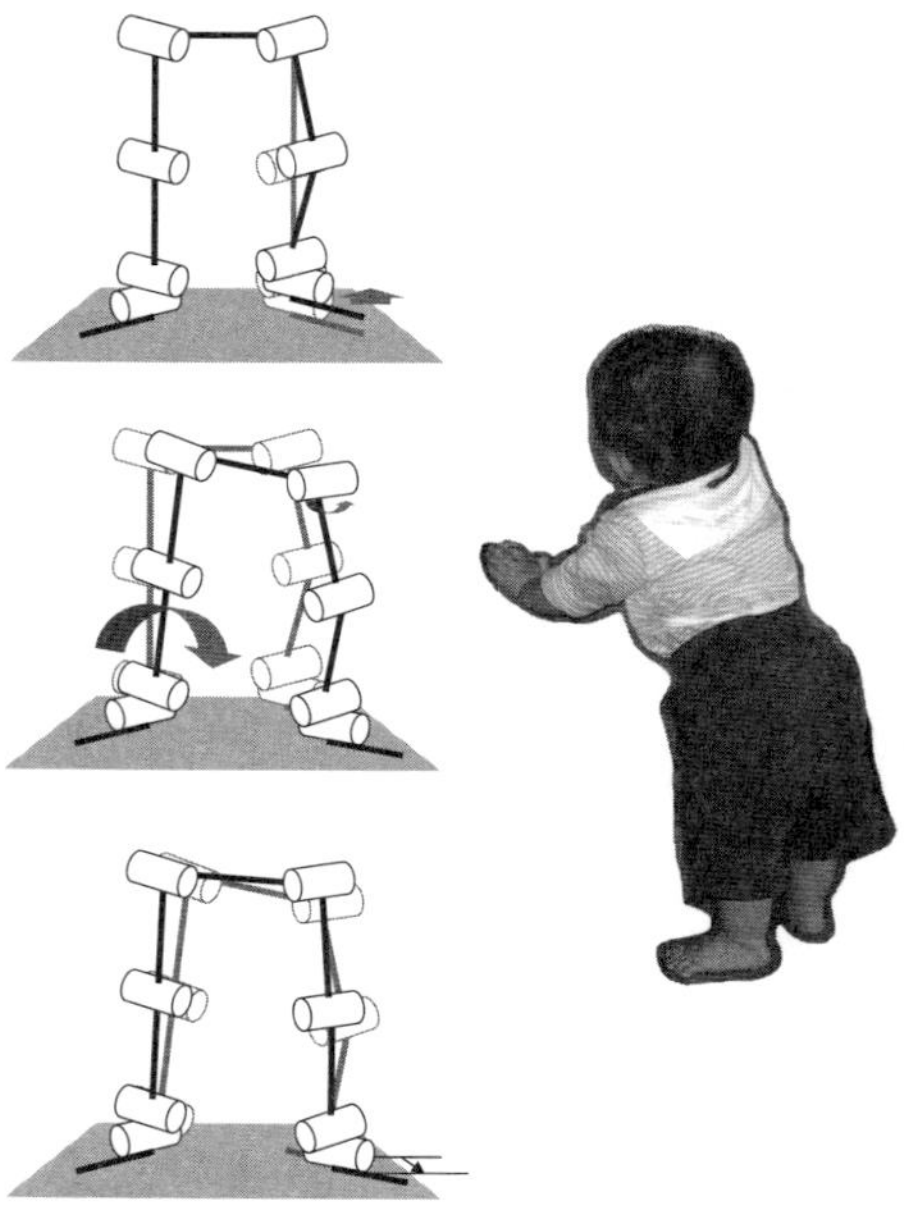

図5－7　赤ちゃんは、下肢が外旋しているケースが多いという仮定のもとに、足部の外旋（いわゆるがに股）が歩行に有利に働くのではないかという仮説が立てられる。

がに股仮説

がに股位になっているときには、膝が外側を向き、足先も外側に開く。この状態で、片方の足を持ち上げる。股関節はがに股位になっているので、地面に着いているほうの足は、身体の正面方向に対して斜めになっており、この足の軸に沿って身体が倒れるとすると、さっき上げた足は前の位置よりも少しだけ前方に着くことになる。

ここで重要なのは、この動き、つまり片方の足を上げて下ろすという行動に、前に進もうという意図がまったく含まれないことである。脚を前に振り出すという行為をしなくても、がに股なら、片方の足をそのまま上げて下ろすだけで、身体的な特徴から身体が前に進む。赤ちゃんは、自分の身体をどのように動かせば効率的に前方に進むことができるかを、まだ学習していない。もしも、赤ちゃんのときに特徴的な身体構造であるがに股を利用して、安定性を保持しながら前方に進むきっかけが与えられれば、身体に対して「前方」がどちらで、そちらの方向に脚を振り出す学習を進めることができるのではないか、と考えることができる。そして、身体の成長とともに股関節は閉じ、脚はより前方に振り出されることになる。歩行の速度が上がれば、脚の左右への振れは、慣性力の影響を受けてますます小さくなり、やがて矢状面内の運動へと集約するのではないだろうか、という仮説を立てることができる。

このような仮説に基づき、赤ちゃんサイズのロボットを試作して、足踏みをさせ、足踏みだけで前方にじわりじわりと進むことを確認した（図5－8）。ロボットは、前方に脚を振り出

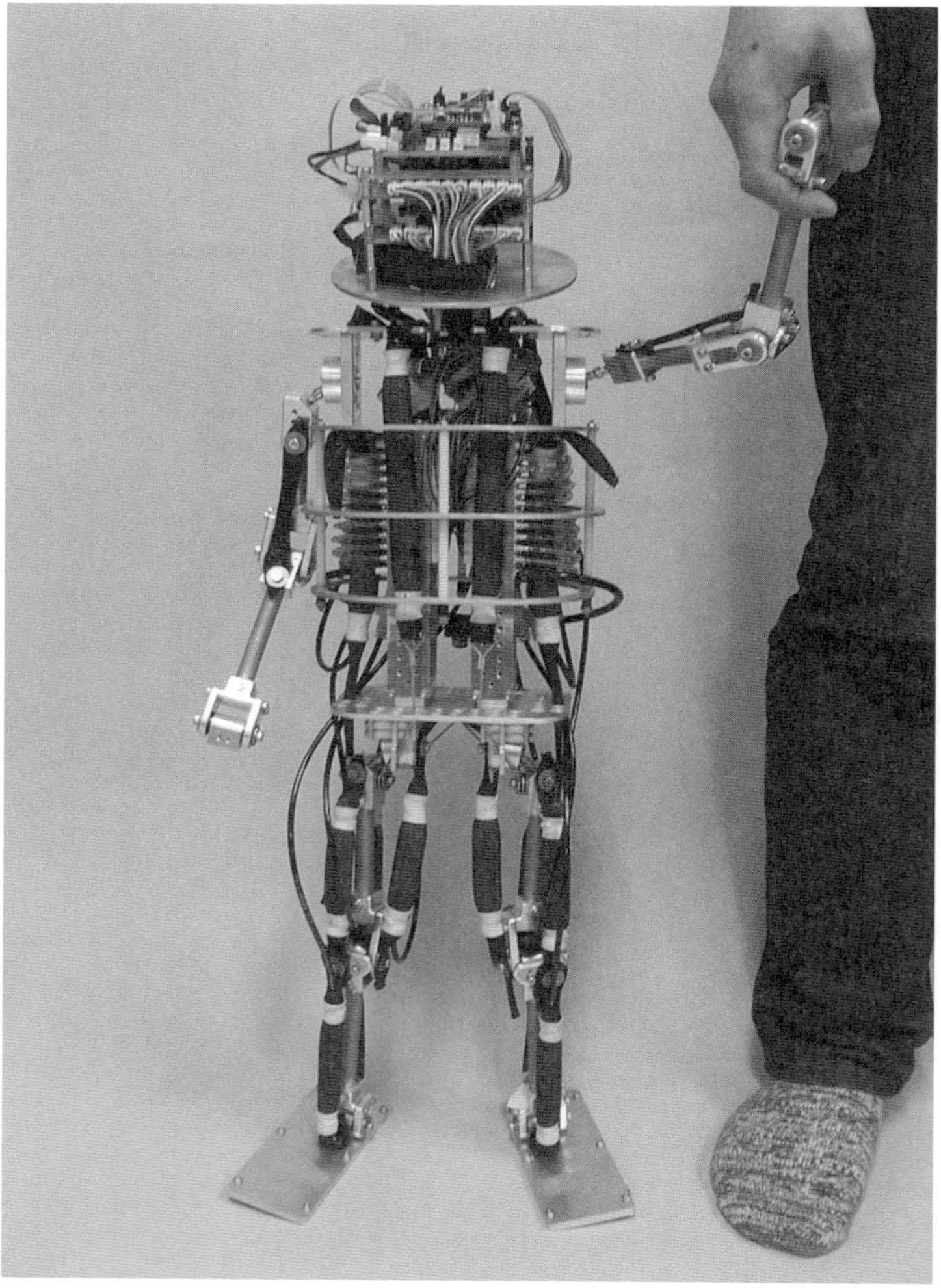

図 5－8　がに股の赤ちゃんロボット。13 か月くらいの赤ちゃんのサイズを想定してつくられている。

すようにはプログラムされていない。単に、片方の足を上げ、上げたほうの足をそのまま下ろすだけであるのに、がに股であるだけで、身体が前に進むことが確認された。一方で、実際にロボットをつくって動かすことによって、片方の足を上げる運動だけでは足が上がらないこともわかった。考えてみれば当たり前のことなのだが、上げたいほうの足にかかる力を抜いておいてやらなければ、単に足を上げるための動きをさせても、実際には上げることができず、足をずるずると引きずることになる。両方の足の上げ下ろしを繰り返すことによって、上体が左右に振れると足が交互に上がり、じりじりと前に進むことが確認できた。

赤ちゃんロボットの試作は、われわれの仮説の一部が正しいことを示す一方で、実際にはそれだけでは動かないことを教えてくれた。また、幾何学的な式から見積もった移動量よりも、ロボットの実際の移動量が大きく、おそらく筋の柔らかさに起因する何かが、より大きな移動量を生み出しているらしいこともわかった。

がに股位に関するこれらの実験結果に、われわれはかなり満足し、そして、実際の赤ちゃんの観察データでもこれを検証できるのではないかと考えた。いよいよ本物、つまり人間のデータと、ロボットとの比較ができる段階にきたのではないかと考えたのである。もちろん、プロジェクト的にもそれを望まれていた。そして、赤ちゃんは、歩行の原理を解明するために、格好の材料であると考えていた。

赤ちゃんの観察実験

歩行は、あるいは人間の動作一般に言えることだろうが、脳内の単純な一つのプロセスから実行されているのではない。こう書くと、なんだ当たり前じゃないかと思われるかもしれないが、これは人間の適応的行動を説明するために、非常に重要な事柄である。外部から観測する人間にとっては、単一の歩行という行動を実現するために、人間内部では、おそらく無数のプロセスが同時並行的に動いている。ここで、誤解をおそれずにプロセスという言葉を使うことにするが、これらは、コンピューター的な、いわゆるプロセスというのとはちょっと違う。コンピューター上のプロセスは、中央演算装置の計算リソースを分割して、複数のタスクとして構成されている。つまり、すべてのプロセスは、必ず中央演算装置の一部の計算リソースを占有する。一方で、人間内部に同時並行で動いているプロセスは、中央演算装置である脳の計算リソースを必ずしも必要としない。

たとえば、筋に存在する非常に原初的な反射、伸張反射もこのようなプロセスに含まれる（伸張反射についてはこのあと第6章でも議論する）。もっと極端に言えば、関節を拮抗駆動している筋群の、力学的特性もまたプロセスの一部と考えることができる。プロセスの中には、演算を末端ですませ、その物理的な特性の中に内在するものや、せいぜい脊髄までの反射弓を含むものから、脳まで上がり、そこである種の演算をしたり、たとえば視覚などの、ほかのセンサーからの信号を受け取って計算したりするプロセスまで、多種多様である。

たとえば、身体の一部が損傷したり、調子が悪かったり、あるいは個体差があっても、そして、思考などほかの行動と同時であっても、歩行が安定に発現するためには、このような並列で、しかも構造的には固定的ではなく、ハードウエアとしての身体の中で、緩やかに協調し合っている多くのプロセスが存在し歩行をつくり出しているはずである。成人の歩行について言えば、それまでの発達を考えると、このような並列プロセスは、すでに非常に複雑に絡み合っており、一つ一つを同定することは、困難を極めるだろう。

一方で、ここで観察対象としている赤ちゃんはどうだろう。まだ歩行をしたことがない赤ちゃんには、必要な反射の一部は、生得的に存在したり、ハイハイなど、歩行前に習得した運動を通して学習されたりしているだろう。それでも、そのプロセスの数と質は、成人のそれに比較してはるかに単純なはずである。まだ並列プロセスが未成熟な間に歩行を観察することができれば、そこに存在する原理がよりはっきり浮かび上がるはずである。つまり、赤ちゃんは、歩行のもっとも単純な構成要素を調べるために、十分にシンプルなのではないか、というのが実験結果に期待した根拠であった。

このような直感を信じ、歩行前の赤ちゃんを募集して、歩行を始める瞬間の赤ちゃんのがに股位と、歩行速度の関係が、われわれの見積もったとおりであるかどうかを検証することにした。観察実験は、条件に該当する赤ちゃんを地域のミニコミ誌で募集し、週に一度大学にきて、プレイルームで遊んでもらっている最中に、下半身の関節の角度と、歩行（あるいはその前段階）の速度を計測することによって行った。本物の赤ちゃんと格闘し、データを取るのは本当に大変で、しかも実際の観察結果から意味のあるデータを取り出すには、気が遠くなるような時間が必要である。いまだに膨大な量を十分に活用し、意味のあるデータを取り出せてはいないが、それでも二年間のうちに三か月ほどの観察実験を二回行った結果、われわれの感触として得られたのは、このようながに股のモデルは、赤ちゃんの歩行のほんの一部しか説明できない、ということであった。

全体的に言って、赤ちゃんの歩行速度は、ロボットで見積もったそれよりもはるかに大きかった。そして、実際に赤ちゃんを観察すると、必ずしもすべての赤ちゃんの足が外を向いているのではなく、完全に内向きになっている子もいる。そして、足が外向きか、内向きかにはほとんど関係なく、歩行を始めるように見えるのである。かといって、赤ちゃんの初期歩行に、このようながに股の効果がまったくないかというと、ある赤ちゃんについては、ある程度の相関が存在することも示されていた。つまり、全体とは言えないが、歩行の一部はがに股の角度と関連し、その関連度合いは、個人によって大きく異なる、ということである。赤ちゃんの場合は、成人に比べてこのような並列プロセスの影響が少ないだろうと考えて実験を始めたが、結局、赤ちゃんでもすでに多くのプロセスが存在していて、がに股の影響だけを取り出して評価することができなかった、というのがこれら一連の実験から得られた結論である。

赤ちゃん実験からわかったこと

がに股歩行に関する赤ちゃん実験から、私は非常に重要な二つの示唆を得ることができた。まず一つ目は、歩行を始めから三次元の現象としてとらえると、二次元からの漸次的な複雑度の増加では説明がつかないことがあるということである。これまで研究してきた二次元ロボットは、身体は前方か後方にしか動くことができず、脚は前後方向の動きしかできないために、前に進む、あるいは後ろに下がるのは必然であった。しかし、脚が左右にも動くことができると、前に進むために脚をどう動かせばよいか、あるいは曲がるためにはどうすればよいかという、ロボットにとっては新たな問題が生じる。そして、このような足の運び自体が、歩行にとっては重要な要素であり、二次元での制御の拡張からは生み出されない、三次元特有の問題である。この示唆は、ここまで説明してきた、複雑さの漸次的増加による問題解決を否定しているようにも思える。

一方で二つ目の点は、赤ちゃんですら非常に多数の並列プロセスが働いており、観察実験では、これらを切り分けることが難しい、ということである。もし、この示唆が正しければ、こちらは複雑さの漸次的増加を肯定することになる。赤ちゃんの歩行を複数のプロセスの緩やかな結合で説明しようとすると、それぞれのプロセスが歩行とその安定性にどの程度寄与するかを、確かめる必要がある。つまり、それぞれのプロセスに切り分け、単純化して、漸次的にその寄与の度合を確認していく必要があるのである。

第一の点で否定された複雑さの漸次的増加は、ハードウエアの複雑さの増加と考えてもよい。そして、第二の点で、新たに確認すべき点として浮かび上がったのは、並列に動くプロセスの複雑さの増加である。このように、漸次的複雑さの増加を利用しながらヒューマノイドロボットをつくるためには、その複雑さの方向性のようなものを見定めなければならない、というのが、これら一連のロボット実験によって得られた重要な知見なのである。

第6章　跳躍するヒューマノイド
——柔らかさの構造と構成論的研究

前章では、だんだん構造を複雑にして、より人間に近いヒューマノイドをつくっていくプロセスをくわしくお話しした。後半は、漸次的に得られるものと、そうでないものの話が複雑に絡み合ってしまったが、それでも少しずつロボットの複雑さを増していくことによって、人間のように上半身があり、三次元を動く空気圧駆動二足歩行ロボットをつくり上げていった過程がどのようであったか、垣間見ていただけたのではと思う。これらのロボットをつくった時点でわれわれは、筋骨格構造を持つヒューマノイドが、人間のモデルとしてかなり使えるところまできているのではないかと考えた。二〇〇六年ごろにはすでに、われわれの筋骨格ヒューマノイドが、世界でもっとも複雑な筋骨格ロボットであり、これらの運動を研究することによって、同様の筋骨格系で動いている人間の歩行の原理を、ある程度説明できるようになるのではないかと考えていた。

そこで、当時われわれが参加していた、文部科学省特定領域研究「移動知」プロジェクトの生体力学・スポーツ科学の先生に、ロボットを動かして見せて、「どうです、面白いでしょう」と得意げに自慢したところ、「うーん、面白いけど、これは人間のいいモデルにはなりませんね。二関節筋がないですからね」という返答が返ってきた。当時は、人工筋を使ったロボットをつくっていたにもかかわらず、人間の筋骨格構造についてまったく不勉強で、二関節筋が何なのかは、まったくわかっていなかった。二関節筋を含めた人間の筋骨格構造は、人間の歩行、跳躍、走行といった移動機能に、非常に重要な役割を果たす。本章では、このようなさらに複雑な筋骨格構造と跳躍の関係を対象に、ふたたび生物の構造をできるだけ模倣することの意味と、構成論的研究について考えていくことにする。

6・1　止まって、歩いて、走るということ

歩行ロボットと走行ロボットの違い

二関節筋の話に入る前に、前章で説明した、上半身のない平面二足歩行ロボットを開発していたときまで、時間を戻して話をしよう。その当時、二足歩行するロボットはすでに多数開発されており、本田技研のアシモに代表されるような、洗練された歩行ができるロボットも増えていた。走行については、すでに一九九〇年代に、マーク・レイバートという著名な研究者

（現在は、「アトラス」と呼ばれるヒューマノイドの開発でも有名な、ボストンダイナミクス社の創始者）によって、多くのロボットがつくられていた。しかし、これらの歩行するロボットと走行するロボットの間には、ハードウエア上の大きなギャップがあった。

一般的な歩行ロボットは、すでに見てきたように、電気モーターに減速機を使うことによって、十分なトルクを発生し、静的、あるいは動的な安定性を確保するようにつくられている。そのため、身体全体は比較的硬い。一方で、レイバートが開発した走行のためのロボットは、脚に直列にばね（あるいは、ばね要素を有する空気圧シリンダー）が入っていて、ロボットが走行中、空中に浮かんでいるときに持っている運動エネルギーを、地面との衝突時にばねに蓄え、そして床を蹴るときに、蓄えられたエネルギーを解放することによって、また高く飛ぶことができる。つまり、走行のためのロボットは柔らかい。

走行のためのロボットは、地面と衝突するときの速度が大きい。ロボットの動きをすべてモーターでつくり出そうとすると、地面との衝突をセンサーによってできるだけ早く検出し、その信号に応じて、ロボット全体の動きを制御しなければならない。そして、衝突の早い検出のためには、コンピューターが常に、かなりの速度でセンサー信号をモニターし続ける必要がある。そして衝突を検出すると、コンピューターがモーターの動きを切り替える。その動きの制御のサイクルもまた、非常に短くなければならない。このように、コンピューターで制御されたモーターを使ってロボットを走行させるためには、常にセンサーで監視し、かつ非常に高速な計算が必要となる。

レイバートがつくった走行ロボットには、直列にばねが入っている。これは、衝突をコンピューターで処理するために必要な計算リソースを避けるためであり、物理的なばねが入っていることによって、「自動的に」地面との衝突に対処することができる。言い方をかえると、物理的なばねが、コンピューターによる計算の一部を肩代わりするのである。また、物理的なばねは、衝突エネルギーをためて、次の跳躍に役立てることができるが、コンピューターによって、モーターを制御して衝突に対処すると、衝突エネルギーは失われ、その後の運動に活用することができない。

ところが一方で、歩行するためのロボットに、直列にばねを入れると、安定性に深刻な影響が出る。ふわふわした床の上を歩くと、バランスが取りにくいことは、直感的にもわかっていただけると思うが、直列にばねを持ったロボットは、そのような不安定な状態になりやすい。その結果、バランスを取るために、より複雑な制御が必要となる。つまり、歩行のための硬さと、走行のための柔らかさを両立することは、モーターと減速機、あるいはモーターと直列ばねだけでは解決しない。

歩行・走行・跳躍を実現する人工筋ロボット

人間に目を向けてみると、立っていること、歩くこと、走ること、跳躍することをなんなくやっている（ように見える）。そして、これまでのロボットのように、立っているときや歩いているときには、身体全体は硬く、走っているときや跳んでいるときには、比較的柔らかいことがわかっている。もうお気付きのように、このような硬さの変化をもたらしているのは、筋肉による拮抗駆動である。関節を拮抗に駆動している二つの筋を同時に活性化すると、全体に緊張が高まり硬くなる。緩めると、本来、筋が持っている弾性によって関節は柔軟になる。このように、筋による拮抗駆動は、身体の硬さを変化させるために、非常に強力な武器なのである。そしてそれゆえ、人間はいともたやすく、歩行、走行、跳躍という異なる特性が必要な振る舞いを、状況に応じてやってのけることができる。

われわれは、受動歩行を利用して歩くことができる、上半身のない平面二足ロボットを開発していた。このロボットの膝と股関節は、空気圧人工筋により拮抗駆動されている。足部は、受動歩行の特性を最大限に利用できるように、円弧状をしているが、平たい足と拮抗する人工筋によって置き換えることができることもわかっている。つまり、すべての関節が人工筋による拮抗駆動で動く二足ロボットが、そのときすでに開発ずみであった。そして、歩行と走行を同じロボットで実現する身体の硬さの変化は、筋の拮抗駆動でできそうだ、ということに気付けば、このロボットでその両方を実現できるかどうか、試したくならないはずがない。

都合がよいことに、空気圧人工筋は、使用する空気タンク、あるいはコンプレッサをロボットに搭載しなければ、それ自体はきわめて軽く、重量当たりに生み出すことができる力は、き

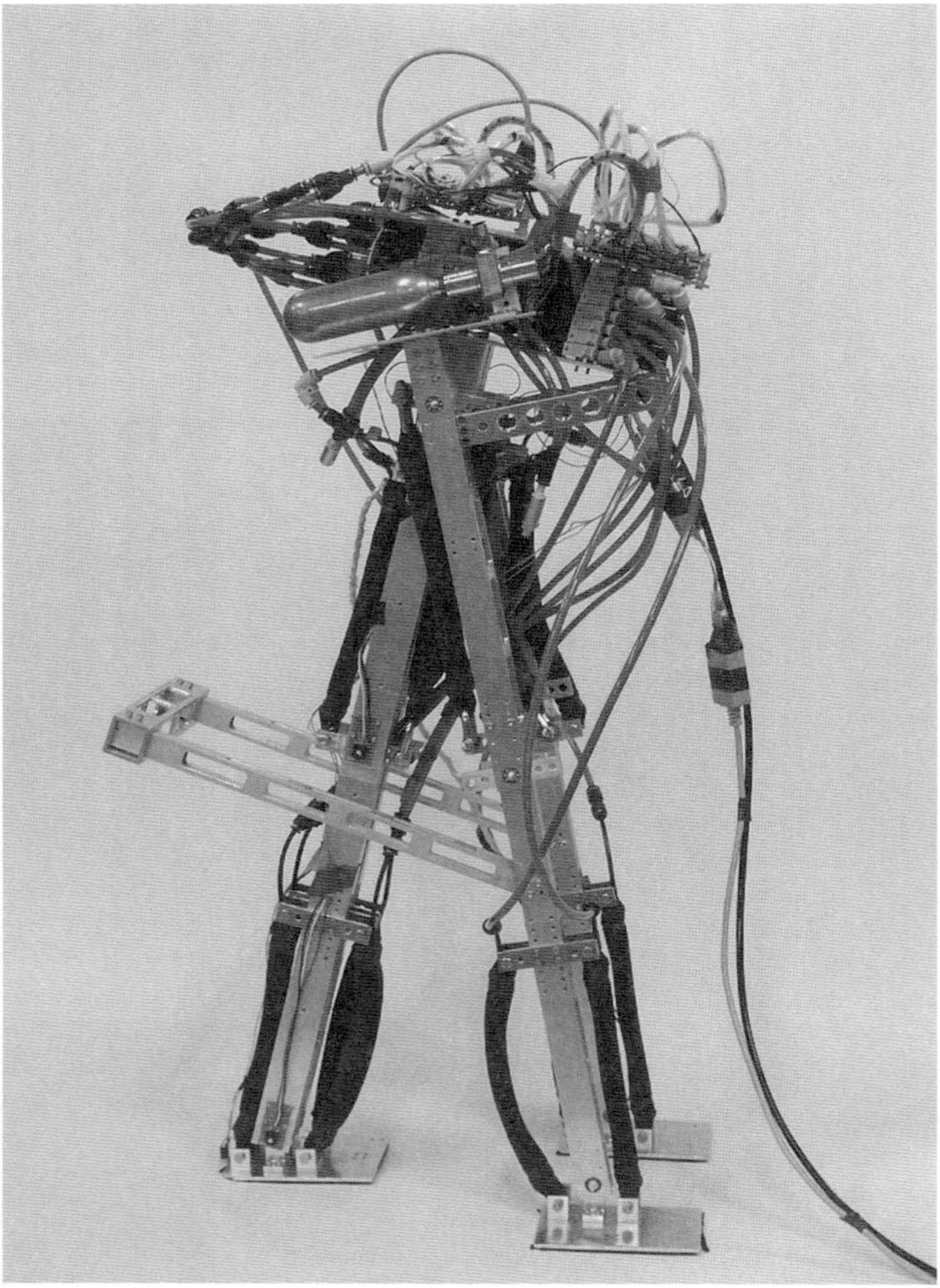

図 6－1　歩行・走行・跳躍を拮抗駆動による緊張の変化によって実現できるロボット「空脚 R」。矢状面内で運動するように、左右対称に 3 本の脚があり、外側の 2 本が連動するよう、機械的に結合されている。したがって、矢状面で見れば、二脚ロボットである。

わめて大きい。このような性質を利用すると、身体の剛性を変化させることによって歩行、走行するロボットをつくるために、空気圧人工筋ほど適した駆動方法はない。こう考えたわれわれは、さっそく円弧状の足部を、平板を拮抗駆動する方式に変更し、二脚ロボット「空脚R」を試作した（図6－1）。そして、筋の緊張度合を変化させることによって、同じロボットで、歩くだけではなく、跳んだり、走ったりできることを実験によって確認した。意外に知られていないことだが、歩行、走行、跳躍を単一のロボットでできる例は、ほとんどない。

6・2　二関節筋

二関節筋がないときのパラメーターチューニング

さて、この（二関節筋がない）二脚ロボットをうまく上方に跳躍させるために、どのような制御が必要かを考えてみよう。ロボットが真上に跳び上がるようにするには、膝関節と足首関節を、タイミングを合わせて、しかも、互いに一定の関係性を維持するように協調的に動かす必要がある。関節どうしがうまく協調しないと、まっすぐ上に跳ばず、斜め前に跳んだり、後ろに跳んだりしてしまう。そして、上方向に跳躍するための関節間の協調は、実験者によるパラメーターチューニングで実現しようとすると、膨大な時間がかかる。それは、駆動源として空気を使っていることとも関係する。

空気を使うと、ロボットの本体を軽量化することができるが、空気は圧力がかかることによって体積が変化する圧縮性流体であるため、バルブが開いてから空気が人工筋を満たし力を発生するまでには、時間の遅れが生じる。それゆえ、跳躍させるための関節間の協調タイミングは、実験者が根気よく、パラメーターチューニングして調整するしかなかった。

結果的に、何とか跳躍させることには成功したが、これらの作業にはたっぷり二か月間の時間を費やすことになった。これでは、実験者の作業コストがかかりすぎである。しかも、関節間の連動をプログラムで生み出すことになるので、大きな計算リソースが必要となる。歩行や走行などの移動に計算リソースがかかりするぎると、移動している間はそれに集中して、ほかのことを考えることができない。その結果、人間はあっという間に捕食されて絶滅しているはずである。では、人間はどのようにこれらの問題を解決しているのだろう。その答えは、二関節筋にあるのではないかと、仮説を立ててみることにしよう。

二関節筋による末端質量の減少

二関節筋とは、二つの関節にまたがってついている筋のことである。人間の身体には、多数の二関節筋があり、むしろ、単一の関節を動かす単関節筋のほうが少ないという。もともとわれわれが人工筋を導入したのは、第4章でお話したように、受動歩行ロボットが平地でも歩けるように、少し後押しするためであった。そしてその目的のために、一つの関節を二本の拮抗する筋が駆動するという、もっともシンプルな使い方にだけ着目して研究を進めてきた。この使い方だと、別々の関節は、それぞれ別の筋によって駆動されるために、関節それぞれの制御を分離して考えることができる。必要なときには関節を駆動し、そしてそうでないときには、ロボット自身の動特性に任せて動かすために、最小限の駆動方式である。しかし、人間のモデルとしてのヒューマノイドをつくろうとすると、この二関節筋の存在を、無視することはできない。

　二関節筋の機能についてはいろいろな説があり、それぞれにもっともらしい理由がある。もっとも有力なのは、二関節筋（あるいは多関節筋）によって、筋をより体幹に近い部分に配置し、四肢の末端質量を減らすことができるという説である。

　たとえば、膝と腰の関節にまたがる二関節筋、大腿直筋《だいたいちょっきん》と大腿二頭筋《だいたいにとうきん》という二つの二関節筋について考えてみよう（図6-2）。もし、これらの筋が存在せず、単関節筋のみがついているとすると、腰を動かすための単関節筋が発生する力を膝が受け止めるだけの膝の単関節筋、そして、さらにそれを受け止めるための足首の単関節筋が必要になる。筋は、関節の回転中心からどのくらい離れて付いているか（「モーメントアーム」と呼ばれる）によって、どのくらいの回転力を生み出すかが決まるので、一概には言えないが、単関節筋のみで下肢を動かそうとすると、単純に言って、膝や足首にも、腰を動かすのと同じくらいの質量の筋肉が必要になる。そして、脚の末端に近い部分の質量が増すと、外からかかる力に対して、衝撃が大きくなる。

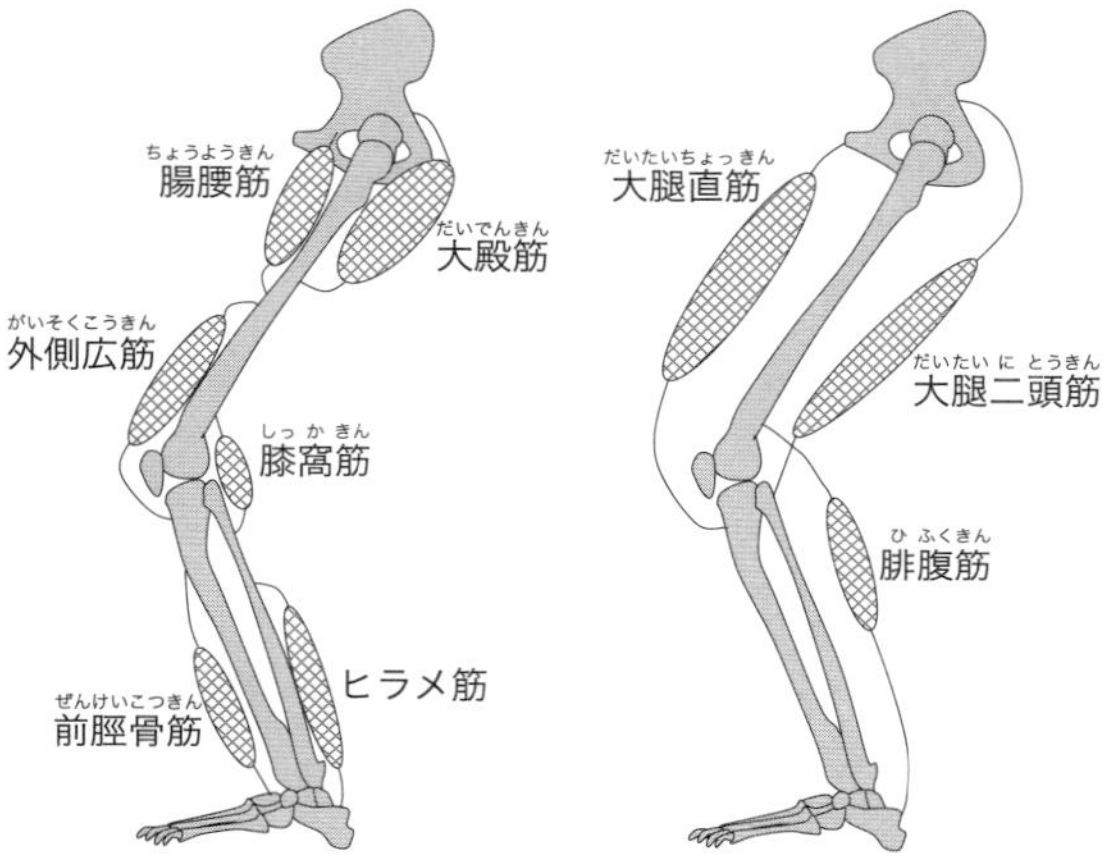

図6－2　矢状面内運動を生み出す下肢の筋骨格構造。左が単関節筋群（3対6筋）で、右が二関節筋群（3筋）。おもに、これら9本の筋によって駆動されている。

これは、生物が生き残っていくためにあまり有利ではない。末端部の質量が大きいと、環境と衝突する（たとえば床や壁とぶつかる）ことによって、より大きな衝撃力を受け、より多くのエネルギーを失うからだ。そして、空間内で動くためのエネルギーも、より大きくなってしまう、つまり、運動の効率も悪くなるのである。この二つは、進化における生物の生存確率を確実に減らすことにつながる。エネルギー効率が悪く、衝突するたびにけがをするような身体を持った生物は、そうでない生物に比べて淘汰されやすいことに疑問をはさむ余地はない。

　実際の生物は、もちろんこれには当てはまらない。手足を動かすための筋肉は、より体幹に近い部分にあり、ここで発生された力は、二関節筋を通して、手足のより末端部分へと伝達される。このような構造の傾向は、人間にも見られるほか、より高速で走ることが必要な四足動物で顕著である。たとえば、イヌ、ネコ、シカなどに注目すると、後肢には大きな二関節筋（外側広筋《がいそくこうきん》など）があり、巨大な「ふともも」をしている。この二関節筋が大きな力を発生し膝関節と腰関節を駆動するため、膝関節を駆動するための単関節筋を配置する必要がない。その結果、膝から先がすっと先細りするような形となり、衝突に強く、エネルギー効率のよい後脚となる。前脚についても同様で、二関節「筋」というよりは、ほとんど腱であるが、より体幹に近いところについた筋から発生した大きな力を、四肢の末端部分に伝える機能を持つ。

また、単関節筋に比べて長いということは、より太い筋になることができるということであり、その結果大きな力を発生することができる。たとえば、肘に二関節筋がなく、肩が発生する力を受けることができる単関節筋のみがあるとすると、その単関節筋は、発生する力を確保するために、ある程度以上、太くなる必要がある。しかし、単関節筋は、その関節の周りのみの限られたスペースに存在するため、そこに太い筋肉があることは、関節の可動範囲を狭めてしまうことにつながる。

二関節筋による関節の連動

そして、二関節筋は二つの関節にまたがっているので、それらの関節間の連動を生む。たとえば前述の大腿直筋の場合、この筋がある程度の張力を持っていると、腰関節の伸展は、膝関

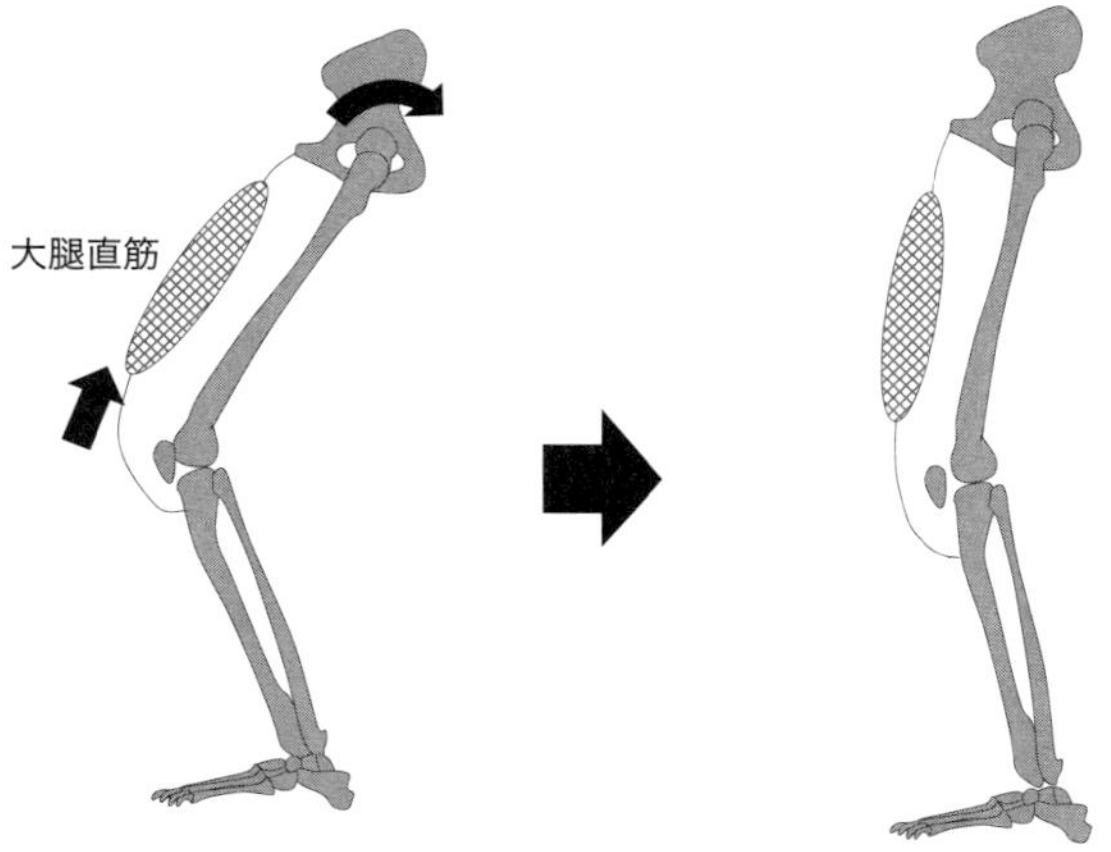

図6－3　大腿直筋による膝関節と腰関節の連動。腰関節が伸展すると、大腿直筋を介して膝関節も伸展の力を受ける。

節の伸展へとつながる（図6－3）。この二つの関節の連動は、二関節筋という物理的な連結によって引き起こされるため、脳や神経系の介在を必要とせず、ほとんど時間遅れなしに起こる。

　人間の下肢が、二関節筋の構造を利用してどのように連動し、跳躍するかを考えてみよう。ふたたび図6－2も見ながら説明を読んでいただきたい。跳躍するために、まず大殿筋《だいでんきん》を緊張させることによって、腰関節が伸展する。大殿筋によって腰関節が伸びると、二関節筋である大腿直筋が引っ張られる。大腿直筋は、腰関節と膝関節の両方にまたがっているので、膝関節の伸展につながる（図6－3）。膝関節が伸びると、今度は膝関節と足首関節とにまたがる二関節筋、腓腹筋《ひふくきん》が引っ張られる。そして腓腹筋は、足首関節を底屈方向に曲げることになる。

かくして腰関節を伸ばすだけで、膝、足首関節が自動的に伸び、跳躍運動のために必要な連動が生み出されることがわかる。同じような連動は、膝関節を伸ばすことによっても起きる。

さもどこかで見てきたかのように、二関節筋による関節の連動を説明してきたが、実はこれらは、われわれが立てた仮説に過ぎない。そこで、本当にこのような連動が、二関節筋からなる構造で生み出されるかどうかを検証するために、ロボットをつくることにした。図6-4に示すロボット「空脚K」である。このロボットは、とくに跳躍運動を対象に、関節間の連動を調べるためにつくられた。脚は一本しかなく、図6-2に描かれているような、人間の下肢の代表的な筋に相当する空気圧人工筋を備えている。二関節筋は、空気を入れなければ連動を生み出さないし、空気を入れることで、ある程度連動をコントロールすることができる。そして、このロボットの各筋を、どのように使いこなせば、ロボットを跳躍させることができるかを考えてみる。

人工筋ロボットでの実験による検証

二関節筋はおもに関節間の連動に使われているという仮説に基づき、実験の最初に、それぞれに決められた空気量を入れたら、実験中には、空気の出し入れはしないとし、それが生み出す連動について検証していこう。単関節筋、とくに重力方向にあらがって力を出す筋、抗重力筋に空気を瞬発的に入れることによって、ロボットは跳躍する。前出の二関節筋を持たないロ

図６－４　二関節筋を持つ一本脚の人工筋ロボット「空脚Ｋ」。

ボット「空脚R」の場合、腰、膝、足首関節を駆動する抗重力筋群に、タイミングよく空気を入れなければ、これらの連動がうまくいかず、ロボットが前につんのめったり、後ろにそっくり返ったりする、ということが起こった。二関節筋を使わずに、まっすぐ上方にロボットを跳躍させるためには、これらの抗重力筋群のタイミングをうまく取る必要がある（ここでのタイミングとは、いつ空気を入れ始めるかだけではなく、互いの筋にどのような関係で空気を入れる量を調節するか、という二つの意味を持つ）。その結果、そのタイミングを実現するための制御パラメーターを見つけるために、二か月かかることになったのは先に述べたとおりである。

二関節筋を持つロボット空脚Kの場合、タイミングは二関節筋の強度、つまり空気の量を調整することで取ることにしているので、抗重力筋群は、跳ぶための力を発生するために、とくに連動に必要なタイミングについて気にせずに、同時に空気を供給することとした。その結果、探索すべきパラメーターの空間は劇的に減り、また二関節筋の強度を強くすれば前のめりに、弱くすれば後ろに跳ぶといった、跳躍の方向とパラメーターの間の関係が、比較的わかりやすい（おそらく、線形に近い）ということもわかった。これらの考察の結果、数日で、空脚Kを跳躍させることに成功した。しかも、センサーによるフィードバックによってバランスを取らなくても、五、六回の連続跳躍が可能になった。これは、ロボット全体の持つ力学的特性、二関節筋を含む筋骨格構造が連続跳躍に向いている、ということである。

着地を検出するセンサー

着地を検出するセンサーもまた、筋骨格の柔らかさを利用すると、信頼性が高く、壊れにくくなる。空脚Kでは、連続跳躍のために、たった一つのセンサーが使われている。膝関節の伸展筋（人間の外側広筋に相当）に装備されている圧力センサーである。空脚Rには、足先に付けられた接触センサーを用いていた。しかし、接触センサーの場合、平たい足のどの部分にセンサーが付いているかと、足がどの部分から地面に接触し始めるかが異なる可能性があり、うまく着地しないと反応しないなどの問題点があった。

このロボットでは、人工筋が持っている本質的な柔らかさが、着地した瞬間の衝撃を自動的に緩めてくれるので、電気モーターを使うときのように、着地の瞬間を精度よく計測する必要はない。膝の伸展筋に取り付けた圧力センサーを使うことにしたのは、圧力センサーのほうが接触センサーに比べて衝撃を受けにくく、その結果壊れにくいからである。実際、空脚Rの実験中には、足先の接触センサーを何度となく壊したが、空脚Kの実験では、跳躍によって圧力センサーが壊れることはなかった。

筋骨格構造が計算を代替する

空脚Kでは、膝の伸展筋に取り付けられた圧力センサーのピーク値を計測することによって、身体がいつ最下点に達したかを、ある程度知ることができ、それから一定時間後に、抗重力筋群に空気を供給することによって、跳躍することに成功した。そしてもちろん、関節間の連動は二関節筋によってもたらされるため、各関節を駆動する抗重力筋の駆動タイミングを細かく調整することなく、二関節筋の強度のみを変えることで、跳躍方向を変えられることを、実験により示すことができた。言い換えれば、二関節筋を使うことで、筋と筋の協調を調整することができ、そのタイミングを計ることを含めて、脳(コンピューター)でしなければならない調整を、二関節筋を含めた筋骨格構造に任せてしまうことができたのである。

読者の中には、すでに気が付いている方もおられると思うが、このロボットの下肢の機構は、三つの関節を動かすにはかなり冗長、つまり筋の数が多い。通常、三つの関節を動かすためには、拮抗する三ペア、六本の人工筋があれば十分である。しかしこのロボットには、二関節筋を含め九本の人工筋が張り巡らされている。通常であれば、モーターの数が増えれば増えるほど、モーター間の干渉や協調を考慮するための特殊なプログラムが必要になり、プログラムの労力と、脳(コンピューター)の必要計算リソースが増大する。一方で、空気圧人工筋からなるこのロボットでは、筋の数を増やすことによって、逆に各筋の機能を限定し、全体としてはプログラムを単純化することができた。これは、人工筋が柔らかいこととも強い関係がある。構造を複雑化することによって、プログラムを単純化できるということは、なんだか矛盾するようだが、人間のような構造では、このようなアイディアがうまくいかされている、ということなのかもしれない。

6・3　柔らかさを形づくる

着地の衝撃を吸収する人工筋

空脚Rも、空脚Kも、すべての関節が人工筋によって駆動されている。空中に浮かんでいて着地する前に、各人工筋にある程度の空気を入れて弁を閉じておくことによって、ロボット全体にはある構造を持った柔らかさを持たせることができる。地面と最初に衝突する部位である足部の質量が小さければ、衝突時に地面との間に発生する衝撃は小さくなり、そしてこの衝撃が、人工筋群によって形づくられる柔らかさを介して、身体全体に伝搬する。身体の質量に対して人工筋が柔らかいため、たとえば、空脚Kの場合、全高が八〇センチメートルほどなのに対して、二メートル以上の高さから落としても、ちゃんと足部から着地すれば衝撃は吸収され、ロボットの身体にダメージはない。

同じくらいのスケールで、各関節が電気モーターと減速機で駆動され、身長が八〇センチメートルあるロボットを二メートルの高さから落とせば、まず間違いなく壊れる。関節に摩擦があって硬いので、身体全体の質量が地面と衝突するだけのエネルギーが発生するからである。壊れないようするためには、接触センサーで着地の瞬間を検出し、力センサーで地面から受ける力を計測する必要がある。そして、これらの計測に基づき、モーターの動きを調整しなければばならない。その調整のスピードは、衝撃力が大きくなりきってしまわないうちに反応する必要があることから、一〇〇〇分の一秒以下の速さが必要である。そして、コンピューターによって計算された動きに、モーター自体がついてこられるだけの、制御回路とモーター自体の性能も必要である。減速機で駆動されるような関節の場合、このような動きを実現することは、ほぼ絶望的である。

重量などほかのスペックが大きく異なるため、単純な比較をするのはフェアではないが、たとえばアシモの場合、脚の長さという意味ではほぼ同じオーダーだが、安全に着地できる高さは、二、三センチメートルでしかない。このように、人工筋によって、身体の柔らかさを形づくり、衝撃に備え、そして二関節筋によって自動的に関節の連動を生み出すことが、跳躍のような速い運動をすることに、いかに有利かということがわかっていただけると思う。

跳躍を安定させる構造

そして、実験をすることによって、この下肢の構造には、もう一つ重要な性質があることがわかった。着地したり跳んだりするとき、ロボットの姿勢が安定するような構造が働いているのである。そのことを理解するために、まずセンサーフィードバックのみで姿勢を安定化することを考えてみよう。そのためには、ロボットに、ジャイロや加速度センサーなど、身体の姿勢を計測できるセンサーを搭載し、そのセンサー信号をもとに、オンラインの制御でもって各関節の連動を調整する。電気モーターを使うのであれば、このような速いオンラインフィードバックも不可能ではないが、それには多大な計算リソースが要求される。空気圧人工筋は、ここまでにもコメントしたように、オンラインのフィードバックには向いていない。空気を出し入れするのに時間がかかるため、関節の運動を微調整することにあまり向いていないのである。そして生体の筋肉もまた、指令が出てから実際に力を発生するまでの時間遅れはかなり大きく、それゆえ人間も、オンラインフィードバックのみによって、安定な跳躍をつくっているとは考えづらい。

空脚Kによって実現される跳躍について、もう少しくわしく考えてみよう。空脚Kは、ジャイロや加速度センサーの信号をフィードバックすることなく、二関節筋の強度を調整することだけで、五、六回の跳躍を繰り返すことができる。つまり、ロボット全体の柔軟性は、跳躍をある程度安定化する構造を持っている。もう少しわかりやすいたとえで言うと、ロボットが少し前方に跳び出しても、その次の跳躍を、少し後方に修正することができるような、身体全体としてばねのような復帰力を特性として持っている、ということである。

前述の空脚Rには、おそらくこのような跳躍の安定化の構造がなかった（あるいは、弱かった）のだろう。その結果、連続跳躍は二回が限度であった。つまり、二関節筋を含めた筋骨格の構造全体が、安定性をもたらしているのである。二関節筋を含めた九本の筋は、三個の関節を動かすには冗長で、床との接触条件にもよるが、おそらく常に何本かは緩んで力が発生できない状態になっているのではないかと想像できる。床との接触によって、それまで緩んでいたある筋が力を発生し、結果的にその力によって跳躍が安定化される、ということが起こっているとすると、筋骨格構造全体で、跳躍の安定性のための柔らかさを形づくっている様子が想像できるかもしれない。

実際、このような性質を確かめる実験をすることができる。ロボット空脚Kの各人工筋にある一定量の空気を、あらかじめ入れておく。そしてそれを、適当な高さから適当な角度で落下させる。地面に衝突し、跳ね返る角度を計測すれば、跳ね返る前後の角度を比較することによって、だんだんとその角度が大きくなっているのか（不安定）、それとも小さくなっているのか（安定）がわかる。そして、このような安定性を決めているのは、各筋に入れられている空気の量のバランスである。

反応の悪いモーターで跳躍を安定化する

ここでもポイントは、跳躍を安定にするために、脳（＝コンピューター）のリソースを必要以上に使わない、というところにある。跳躍を安定化するためには、あらかじめ多数の筋に対して一定の空気を入れておき、あるいは抗重力筋群の場合には、ある一定の手続きによって空気を出し入れするだけでよい。ジャイロや加速度センサーの信号による、脳からの制御が必要ないのも非常に興味深い。そして、空気圧人工筋のような、反応の悪い「モーター」でも、床との接触に対して瞬時に反応するためには、筋の柔らかさを、床と接触する前に調整しておけばよい。生体の筋肉も、空気圧人工筋のように、反応の悪いモーターであるため、おそらく生体でも同じようなことが起こっているのではないか、と想像される。ぶつかったときに都合のよい応答をしてくれるように、あらかじめ、柔らかさを形づくってやればよいのである。こうすることによって、脳に必要な計算リソースを劇的に減らし、しかも反応の悪いはずのモーターで、安定な跳躍を繰り返すことができるようになる。

空脚Kには、脚が一本しかない。一本脚のロボットは、二関節筋を含めた下肢の筋骨格構造が、跳躍の安定性にどのような効果を持つかを示すための、もっとも単純なモデルだからである。脚が一本あれば、跳んだり、走ったりできる。一方でわれわれの目標は、人間のモデルとしての二脚ロボットである。脚が二本あると、立ち止まったり、歩いたりすることもできるようになる。そして、こうして移動速度を多様に変化させられるという能力は、生物にとって必要不可欠である。こう書くと、まず一本脚のロボットについて、そしてしかるのちに、脚を二本にすることだというのは、まったく自然な話であるように思える。しかし、このように話を進めていく裏には、それなりの別の理由がある。

6・4　三次元二脚ロボットの跳躍

ロボットが一本脚である理由

空脚Rは矢状面内で運動する二脚ロボットである。それなのに、そのあとで開発された空脚Kには、脚が一本しかない。跳躍について二関節筋の機能を解析するのに、脚が一本しかないロボットに戻ったことには、大きな理由がある。

空脚Rは、矢状面内の歩行、走行、跳躍の実験のために、左右対称に三本の脚があり、外側の二本が連動するよう、機械的に結合されている。したがって、矢状面で見れば、二脚ロボットである。連動する二本の脚を完全に同期させるためには、それぞれの脚を駆動する人工筋をまったく同じタイミング、同じ強さで動かす必要がある。しかし、空気圧人工筋の特性から言って、二つの筋を完全に同じに制御することは、実験的にはほとんど不可能であった。その結果、運動が矢状面内に収まらないという事態が発生した。これではデータを取りづらい。そこで、脚を減らして空脚Kを設計したのである。このときには、完全に同じ二本の脚を連動することはできない、という事実について、何も思わなかった。

二本脚での跳躍の難しさ

空脚Kの実験結果に満足したので、その複雑性を漸次的に増やす、つまり脚を二本に増やしたロボットをつくった（図6－5）。このロボットは、脚が二本に増えただけではなく、比較的大きな上半身を持っている。空脚Kも小さな上半身を持っていたが、その大きさゆえに、腰部に発生できるモーメントに限りがあった。その意味で、人間の跳躍とは少し違いがあるのではないかと考えられたため、より人間の形に近づけることによって、実現される跳躍が人間のそれに近づくことを期待した。

すでに第4章、第5章で見てきたように、ここまでさまざまなタイプの二脚ロボットを歩かせる実験を繰り返してきたので、そこで得られた知見によって、二関節筋を持っている二脚ロボットについても、比較的簡単に歩行を実現することができるはずである。脚を振るときには、脚自体の動特性を利用して振る、拮抗筋の弾性を調整することによって、脚の振りの速度を変える、着地をセンサーで検出し、一定時間後に反対の脚の振りの運動を開始する、という一連の方法である。そして実際に、この方法で、ほとんど問題なくロボットを歩行させることができた。新たについた二関節筋についても、これらが加わることは、歩行にとって、結果的にはさらに有利になった（図6－6）。

膝と足首をつなぐ腓腹筋は、膝関節を曲げることによって緩むため、足部を背屈させる筋にあらかじめ張力があれば、自動的に足を背屈、つまり、つま先を上げることにつながり、ロボ

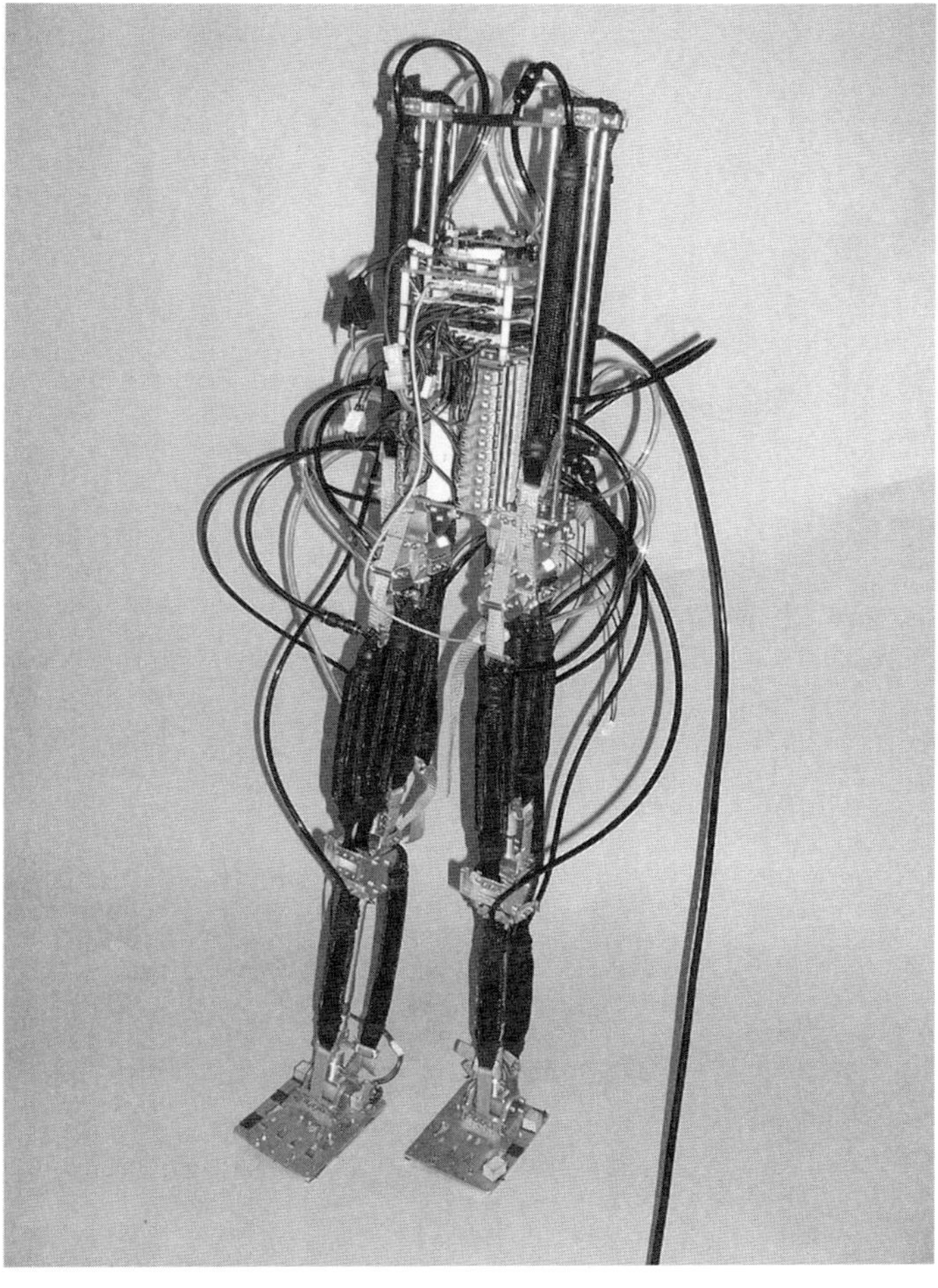

図 6－5　上半身のある空気圧人工筋二脚ロボット。空脚Rとは違って二関節筋を持ち、三次元での運動を想定してつくられた。

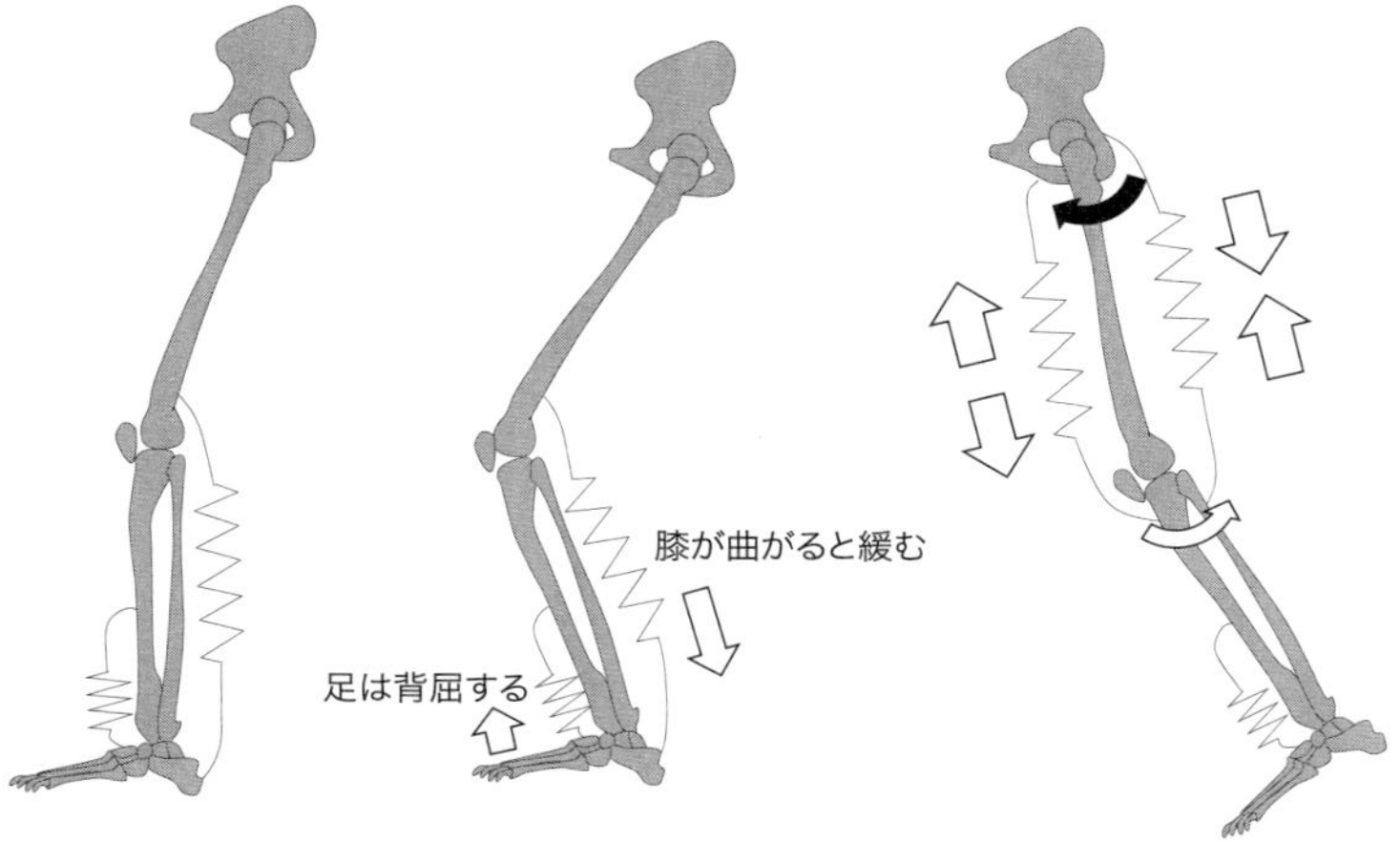

図 6－6　膝が曲がると、足は背屈する。股関節が屈曲すると、膝が曲がる。

ットが歩行中に、地面につまずきにくくなることが期待できる。また、腰関節と膝関節をつなぐ大腿直筋、大腿二頭筋については、対象となる脚が地面から離れて遊脚となると、前方に屈曲するときに緩んで、逆にその拮抗筋である大腿二頭筋が引っ張られる。その結果、膝は曲がる方向に力を受け、脚全体の長さが縮まって、床と遊脚の衝突を避け、これもまた地面につまずきにくい方向へと働くことがわかる（跳躍のときには、腰関節が伸展すると膝関節が伸展したのと逆である）。このように、二関節筋の導入は、脚を前方に振り出すときに、足が地面につまずくのを防ぐ方向に働くため、歩行にとって有利になる。

　問題は両脚での跳躍である。ロボットに脚が一本しかなければ、両脚の同期を取る必要がない。その意味で、一本脚のロボットで跳躍の実験を行ったことで、結果的に問題を簡単化して、解についての見通しをよくできた。しかし、ふたたび脚を二本にすることによって、空脚Rで起こっていた複数脚の同期の問題が生じる。

ロボットの脚が二本あると、左右の脚を「まったく同一に」つくることは不可能である。どんなに精密なモーターを使っても、左右のすべての関節の動きを、完全に同じにすることは困難を極めるし、右脚と左脚の長さをまったく同じにつくることもまた、非常に難しい。仮にできたとしても、その二本の脚がまったく同時に着地するには、身体がまっすぐに地面に落下する必要があるが、三次元の運動をしている場合、それはありえない状況である。一本脚のロボットで跳躍が実現したからといって、二本脚のロボットでも、すぐに同じような振る舞いを実現できるとは限らない。理屈上は簡単なことでも、現実にはほとんど不可能なのだ。

6・5　局所的反射

左右のバランスを取る

試作した二脚ロボットは、着地する際に、「絶対に」どちらか片方の脚が先に着地する。したがって、どんなに二本の脚を同じように制御したところで、両方から同時に、完全に同じ反力を生み出すことは不可能である。その結果、普通に跳躍のプログラムをつくると、横方向に傾き転倒してしまう。この問題は、実ロボットを跳躍させようとしたとき、すべてを完全に左右対称にできないことから生じるが、実際の人間の場合も同じことが起こっていると予想される。人間でも、二本の脚を完全に左右対称に動かして、跳躍をすることはできない（完全に左右対称な人間など存在しない）。したがって、必ずどちらかの脚が先に着地しているはずなのだが、それによってバランスを崩すことなく安定に跳躍を続けることができるのは、簡単に見えて実は大変興味深い問題なのだということを、一連の実験を通して知ることができる。

左右方向のバランスをどのように取るかを考えるため、まず思考実験をしてみよう。人間の場合、バランスを取るために使われるセンサーの一つが、三半規管である。工学的に言えば、ジャイロセンサーや、加速度センサーによる頭部（あるいは胴体）の姿勢の観測に相当する。ロボットの場合にも、これらのセンサーの情報を使えば、上体の左右の傾きを検出して、それを修正するように下肢の運動を調整すれば、ある程度、二本脚の跳躍を安定化することができる。これらのセンサーのほかに、人間の場合には、視覚がバランスに大きく寄与していることもわかっている。目を閉じて片脚でバランスを取るのは、目を開いてバランスを取るよりはるかに難しい。これは、目から入ってくる視覚情報が、バランス制御に大きな影響を及ぼしていることを示している。

このように、ジャイロセンサーや視覚センサーなどの外界センサーから、外の世界に対する姿勢に関する情報を直接取得し、それを下肢の運動にフィードバックすることが、姿勢制御にはもっとも効果的である。しかし一方で、外界センサーからの情報は、いったん脳へと上り、筋制御信号として各筋に配られるので、センサーで姿勢に関する情報を取得してから、実際に筋肉が動くまでには、数百ミリ秒のタイムラグがあると考えられる。すでに見てきたように、衝突の現象は非常に速く、このように大きなタイムラグを残したままで対処することは無理ではないが、環境や状況のちょっとした変化に素早く対応できないのではないか。

人間は、本当に姿勢感覚と視覚のみでバランスを取っているのだろうか。これらの感覚に頼らずに、バランスをうまく取っているほかの要因はないのだろうか。跳躍のように速い運動であっても、バランスを取り続けることができるのはなぜだろうか。この問いに答えるために、われわれは（また）一つの仮説を立てることにした。

反射と姿勢制御

人間の筋肉には、筋肉に備わっている自己受容センサーの信号を、脳まで送ることなく脊髄で処理し、筋肉の制御へと直接フィードバックする「回路」があり、反射弓と呼ばれている。脳まで情報を送らないので、その処理は、たとえば信号が正なら正の反応、あるいは正なら負の反応といった、非常にシンプルなものに限られているが、そのため反射に必要な時間は短く、数十ミリ秒程度である。人間には、さまざまなタイプの反射が存在しているが、その中でももっとも単純なものが、筋肉が伸ばされると縮もうとする力を出す、「伸張反射」である。われわれは、このような伸張反射が、跳躍の姿勢制御にも一役買っていると見ることはできないだろうか、と考えた。人間が跳躍し、着地する。そのとき、両方の脚のうち、どちらか一方が先に地面に着き、その反力で、地面に着いたほうの脚の抗重力筋が力を受ける。ここで伸張反射が起こり、抗重力筋を緊張させると、着いたほうの脚が伸び、バランスを回復することにつながる、という仮説を立てたのである。

この仮説の検証には、動力学的なシミュレーションを使うこともできるが、すでにある程度の形ができている二脚ロボットを使うほうが、はるかに話が早い。二関節筋を含めた複雑な筋群の動特性をシミュレーションすることもさることながら、三次元空間内で、ロボットが多点で地面と衝突するモデルを考えることは、そう単純な問題ではない。われわれは、作成した二脚の筋骨格ロボットの、足首の抗重力筋であるヒラメ筋に相当する空気圧人工筋に、圧力センサーを付けた。人工筋が伸びると、筋内の空気の圧力が上昇するので、圧力が上昇したときに上昇した人工筋に空気を入れる、という伸張反射に相当するローカルな制御系を設計することができる。「ローカルな」とは、ある人工筋が、それに付いているセンサーの情報だけに基づいて制御されている、ということである。そして、伸張反射がプログラムされている場合と、されていない場合について、ロボットを落下させた角度と、地面から跳び上がる角度を、それぞれ計測した。ロボットを落とすときの角度は、実験ごとに微妙に変化するため、その変化の度合いを吸収するように、何百回も実験を繰り返した。その結果、伸張反射がプログラムされているロボットは、地面から跳び上がる角度が、着地する角度よりわずかに小さいことが示された。このような傾向は、伸張反射がプログラムされていないロボットについては観察されない。われわれの仮説がある程度正しいことが証明されたのである。

この実験は、伸張反射が果たしているのではないか、と考えられる役割を、ロボットの行動として見せてくれているのだが、少し考えると、さらに面白い仮説を立てることができる。たとえば、片方の脚のヒラメ筋に伸張反射が起こったときに、もう片方の（あとから着地する）脚のヒラメ筋の伸張反射を抑制する（「側方抑制」と呼ばれる）ことが、跳躍を安定化するのだろうか。側方抑制を実現するニューラルネットワークは非常に簡単であるが、それ以外にも、ある程度のニューロン回路を仮定して、その機能をロボットで検証することができる。このように、生物（ここでは人間だが）の構造を再現したロボットをつくり、それでさまざまな仮説を検証して、もとの生物が持っていると思われる性質を調べるような研究を、構成論的研究と言った（1・4節）。

6・6　構成論的研究

人間を理解するために

伸張反射が、抗重力筋によく見られることから、医学分野ではこの反射が、静的な姿勢維持に関与しているのではないか、と言われている。しかし、伸張反射が跳躍時の左右方向のバランスに関与しているという仮説や、伸張反射の側方抑制（片方の脚で反応があったらもう片方に反射が起こらない）がバランス制御に役に立っているといった仮説は、文献を調べる限り見つからない。医学の分野では、実際の神経回路がどこにつながっているかはよく調べられているが、それが、身体全体の運動に直接どのような影響を及ぼすかを調べる方法論は、実はあまりない。ある神経回路が、特定の運動に関与しているかもしれないということがわかっても、被験者の回路を切ってみて、その機能を確かめるという実験ができないためである。医学分野で、神経回路が振る舞いにどのような影響を及ぼしているかがよく調べられているのは、疾患や事故などで、特定の神経回路が切れている被験者が存在する事例であり、このような研究のことを、「リージョン（損傷）スタディー」という。健常者の神経回路の機能を調べるために、切ってみるわけにはいかないので、たまたま対象とした部位が損傷している被験者が現れると、その部位が関連するリージョンスタディーが大きく進む、というちょっと皮肉な状況になる。

一方で、もし人間と同等な筋骨格、同等な神経回路を持つようなロボットをつくることができれば、これを使ったリージョンスタディーは容易である。単にロボットの回路や、筋を切ってみればよい。人間と同等な構造を持つ、いわば人間と相似なヒューマノイドロボットによって、人間の生み出す運動に必要な構造や回路を割り出すことができる。リージョンスタディーが合法的に、しかも簡単に行えるのは、構成論的研究のもっとも有用な点の一つである。

5・6節で述べたように、私は人間を含む動物には、運動を制御するための多重のプロセスが存在している、と考えている。ここでプロセスとは、たとえば、三半規管による平衡感覚や、視覚による平衡感覚、あるいはここで示したような自己受容感覚に基づくフィードバック、すでに本書でも触れた足部のがに股位、足の裏の皮膚の柔らかさといった、環境を意識的、無意識的に知覚し、運動を変化させるような力学的・制御的構造を指す。プロセスの一つ一つは、それだけを取り出しても、運動全体を制御することはできない。本章で扱ったような跳躍の安定化の場合、伸張反射は、跳躍を安定化する方向に働くが、それだけで跳躍全体を安定化することはできない。多重のプロセスが、あるものは重複し、あるものは相補的になって、全体でもって跳躍を安定化しているのではないだろうか。

そしてさらに重要なのは、これらの多重プロセスが、常に固定的な、かっちりとした構造を持っているのではなく、柔らかなわれわれの身体を通して緩やかに結合し、全体のシステムをつくっているところである。緩やかな多重プロセスの結合については、5・6節で赤ちゃんの初期歩行でも見られるという議論をしたので、覚えておられる読者もいることだろう。このような、多重プロセスの緩やかな結合こそが、生物の適応性や頑健性を生み出す本質であると、私は考えている。そして、このような多重プロセスが、どのように生物の行動を支えていくかを確かめる唯一の方法が、構成論的研究なのである。

多重プロセスの緩やかな結合が、生物の適応性、そして知能の源泉であると私が考えている理由が非常に重要なので、ここでもう少し紙面を割いて説明しておこう。

これまでに開発され、一般に使われているロボットも、多くの関節と、多数のセンサーを装備するようになってきた。その結果、それらを単一の制御器で制御することが難しく、さまざまな分散化の手法が使われている。各関節単位であったり、腕などの部位単位であったり、レベルはさまざまだが、より小さい単位を一つの制御器で制御し、それを統括する上位の制御器がある、という状況が一般的である。これらの制御器の設計思想は、基本的に分割統治であり、それゆえに、たとえばセンサーをつなぐ一本の配線が切れたり、モーターを駆動する回路の調子が悪かったりすると、それらが関係するモジュールが動かなくなる。そして、よく故障するロボットができあがる。もちろん、ロボット技術は日々進歩しているので、モーターの信頼性は飛躍的に向上し、センサーやその配線もまた、平均故障間隔は、驚くほど長くなってきてはいる。その結果、一〇年前のロボットに比べれば、はるかに故障に強いロボットが実現されるようになってきた。

しかし、生存競争の中で淘汰されてきた生物に比べると、その適応性は、まだまだはるかに低い。生物は、これまでにも見てきたように、センサーという意味でも、モーターという意味でも、非常に冗長であり、そして冗長であるにもかかわらず矛盾なく動いている。それらの動きは、場合によっては相手の出力を上書きし、場合によっては加算され、場合によっては無視される。しかも、冗長な相手どうしの関係は、状況によってダイナミックに変化するという芸当までこなす。私の仮説は、これらの関係性を決めているのは脳ではなく、柔らかい身体である、というものである。柔らかい身体は、分割統治を不可能にする一方で、多重プロセスを緩やかに結合するために、もっとも本質的な役割を果たす。そしてその結果、ある神経が切れても、膝のある腱の調子が悪くても、何とか生き延びてくることができたのではないだろうか。

このような多重プロセスは、多重であるがゆえに、生物を観測しただけでは、個々を同定することはできない。生物の行動は、それら全体を緩やかに結合した結果であり、各々の要素ループがどのような貢献をしているかを、全体から見積もることはほとんど不可能である。そして、それぞれのプロセスの機能は、仮定することはできても、全体の観測から検証することができない。これが生物学と医学の限界ではないだろうか。構成論的研究は、これらの多重プロセスを一つ一つ機能的に検証していくための、唯一の強力な手段なのである。

もともとの構成論的研究は、生物の知能を考えるために、生物と同じ身体を持つロボットをつくり、その振る舞いを生み出すからくりを考えることで、もとの生物の知能に関する知見を得ることが目的であった。しかし私は、構成論的研究のもっとも重要な機能は、生物の知能の本質である多重プロセスの緩やかな結合を、生物と同じ身体を持つロボットを使うことによって、一つ一つ検証していくことではないか、と考えている。

第7章

柔らかヒューマノイドは環境の変化に対応できるか

工場内で作業する産業用ロボットにとって、ベルトコンベヤーで流れてくる部品の形は、すべてが「既知」である。ロボットから見たときの部品の位置や姿勢も、たいていの場合にはそれらを決めるための治具があって、精度よくわかっていることが多い。コンベヤー上での位置が多少ずれていたとしても、そのずれを検出するためのセンサーと照明などの環境が備えられている。つまり基本的に、起こりうるすべての事象は、あらかじめモデル化されている。ロボットは、このような既知の環境内で、高速、高精度に作業をこなすことが要求される。

一方で、人間を含めた生物は、既知の環境だけではなく、ある程度、未知の環境でも、適応的に振る舞うことができる。前者の場合、ロボットの適応性能とは、古典的な表現でいうところの安定性であり、既知の起こりうるすべての環境変化に対して、あらかじめ定量的に評価することができる。しかし後者の場合には、起こりうる環境変化は、すべてをあらかじめ想定することはできないので、適応性についての定量的な評価を持ち込むことはきわめて難しい。あるヒューマノイドロボットをつくったとき、それが人間と同等の未知環境への適応性を持つことを、客観的、定量的に、どのように評価すればよいのだろうか。

本章ではまず、産業用ロボットの制御の王道である、モデルベーストロボティクスという考え方をもう一度くわしく説明し、環境のモデル化の難しさについて触れ、あらかじめモデル化できない未知の環境で、どのようにして適応性を評価すべきかを考えることにしよう。

7・1　モデルベーストロボティクス

既知環境で動く産業用ロボット

あらためて、工場内で用いられる産業用ロボットについて考えてみよう。部品をケースの中から取り出し、ライン上を流れてくるワーク（たとえば車の場合であればシャシー、電化製品の場合はフレームなど）に取り付けたり、塗装や溶接をしたりするのが、これらのロボットの典型的な作業である。ロボットは、人間によって設計されるものなので、使用者（設計者）にとって既知であり、その特性は、ロボット工学の知識を使って、容易にモデル化することができる。実際、ロボットを幾何学的、運動学的、動力学的にどのような数学で記述すれば、モーターの数やリンクの形が変化しても統一的に扱えるか、というロボット工学の基礎は、一九八〇年代にまとまって示されたが、これらがその後の産業用ロボットの発展を支えてきた。

産業用ロボットにとって、与えられた環境と作業が、あるモデルによって表現されることが重要になる。ロボットが工場内で作業する限り、環境もまた技術者によって整えられ、ロボットに与えられる作業は、比較的単純な幾何学モデルで表現できる範囲内のものである。部品を取り上げて、ワークに組み付けるピック・アンド・プレースや、塗装、溶接などといった作業の場合、ワークに対して、ロボットハンドがどのような軌跡を描けばよいかをあらかじめ設計し、ロボットにそれを実現させることによって、作業が遂行される。組み付けのために取り上げる部品が、供給箱にばらばらと積まれていて、あらかじめロボットとの相対位置がわからない場合でも、部品の形が既知で、きちんとした照明が用意されていれば、カメラからの画像を使った画像処理などに基づき、これらの部品をつかむためのロボットの軌跡をつくることができる。このように、ロボット自身とそれを取り巻く環境がモデル表現される場合、そのモデルを用いて作業を行うやり方を、「モデルベーストロボティクス」と呼ぶ。

産業用ロボットとモデルベーストロボティクス

モデルベースでロボットが制御されているとき、そのモデルが、ロボットや環境を十分に再現できている範囲内では、作業の結果を予測することができる。作業が成功するかどうかは、このモデルから逸脱する範囲、たとえば、あらかじめ考慮されていない摩擦や、ワークとロボットの位置関係の誤差、コンピューターによる制御の遅れなどが原因となるため、このようなモデル化誤差を小さくすることによって、作業の成功率を上げることができる（あるいは、モデル化誤差を小さくできる作業に限って、ロボットに実行させることができる）。このようなモデルベーストロボティクスで動作のための検証実験を行うのは、おもにモデルから逸脱するモデル化誤差が、どのような影響を及ぼすかを調べるためであるといえる。

ロボットが数学モデルによって表現されていれば、ほかの数学的モデルによって表現される別のロボットに置き換えが可能である。どのようにすれば、作業を成功させることができるかを数学的に記述しておき、それをロボットのモデルに与えればよいからだ。もう少し大雑把に言えば、ロボットがその作業をするための原理（たとえば幾何学的な軌道）が既知であるため、ロボットが変わっても、環境が変わっても、作業をすることができる、ということである。

産業用ロボットのように、ロボット自身もそれを取り巻く環境も、設計者が用意することができる場合には、このようなモデルベーストロボティクスは、非常に強力である。そして、環境の変化とロボットの変化を分けて考えることができる、ということは、両者を分割して記述、それぞれを別々に設計するという分割統治の方法が、ここでも使えるということを意味している。そして、システム全体が完全に記述されているので、環境、ロボットという分割だけではなく、いくつかのサブシステムに制御を分割する、という第2章で触れた方法も可能になる。これらの分割統治を利用して、より大きなシステムが開発されてきたということは、すでに見てきたとおりである。

未知の環境に対応する能力

このように、モデルベーストロボティクスは、理論的に非常に美しく、分割統治でもって巨大なシステムを扱えるという、工学としては非常に好ましい性質を持っている。一方で、ロボットが工場内だけではなく、屋外や家庭環境など、モデル化しづらいような環境へとその活動場所を移すにしたがって、その手法の限界もまた明らかになりつつある。産業用ロボットが、既知の環境内で動いている間は、モデルによる制御が非常に強力で、かつ応用範囲も広い。しかしロボットが、未知の環境内へと繰り出した途端、それまでに用いられていた方法論の魔力は失われる。

ロボット本体がきちんとモデル化されていても、相互作用する相手となる環境にゆらぎがあるとき、モデルに基づく手法は、その効力がなくなる。本書で対象としている、対象物の操りや歩行などの多脚移動は、実はその典型的な例題である。

たとえば、ロボットが家庭環境に導入され、人間と一緒に作業することを考えてみよう。家庭環境には、あらかじめすべてをモデル化できないほど、さまざまな物体が存在する。ロボットが、家庭内にある、操る対象となるものすべてについての知識をあらかじめ持っているとは考えにくいし、買い物に行って新しいものを買うたびにロボットに登録する、という作業も現実的ではない。歩行や跳躍の場合も、次に足が着く場所の特性は、あらかじめ完全にわかっているということはない。一歩一歩、脚が着く場所の特性は微妙に異なるし、衝突を正確にモデル化することは非常に難しい。足が人間のように広がりを持っていたとしたら、どこから最初に地面に着くかも、地形の微妙な変化を考えると決定的ではない。

このように、われわれが興味を持って研究しているのは、物体の操りや脚による移動など、これまでのモデルベーストロボティクスでは、扱いづらいものばかりである。そして、これらの未知の環境との接触は、初めて見るものを手に取って観察したり、歩いたことのない路面を安定に歩いたりなど、ロボットの知能的な行動の重要な部分を占める。

7・2 環境と身体の相互作用

環境のモデル

歩行を例に、環境のモデル化がなぜ難しいかを、もう少しくわしく見てみよう。まずは、「柔らかくない」歩行ロボットが、地面と接触する場合を考えてみる。路面は、ロボットに対して無限に大きな質量があるので、衝突が完全な弾性衝突であると仮定すると、無限の大きさの反力が働き、ロボットは瞬時に、地面とぶつかった反対の方向の速度で動き出すことになる。しかしこの仮定は現実的ではない。金属などを使っても、ロボットは無限に硬くはならないし、ロボットが十分に硬かったとしたら、相対的に、床面の持つわずかな弾性が、ロボットの振る舞いに影響を与えることになる。結局のところ、ロボットと環境の弾性のバランスによって、ロボットのその後の振る舞いが決まるのである。

ここで強調しておきたいのは、環境のモデル化をするために、どのようなロボットを使うかを考えておく必要がある、ということである。ロボットを歩かせる床は、実験前に用意されており、そのあとどんなロボットを使うかとは関係なく、われわれの前にあるのだが、ロボットが望みの振る舞いをするかどうかを調べるために、その目の前にある床面をモデル化するためには、床面だけを見ていてはだめで、どのようなロボットを使うかを考えなければならない、ということである。ロボットの振る舞いは、ロボットそのものの（制御を含めた）身体の特性だけではなく、環境との相互作用によってもたらされるため、環境だけを何らかの方法で計測して（つまり分割統治の流儀でもって）環境モデルをつくっても、ロボットの適応性の評価をするためには、ロボットの特性が決まる必要がある。

ロボットと環境モデルの依存関係

不整地を歩くロボットについても考えてみよう。目の前に、ロボットが歩くべき凸凹面があるとする。目の前に存在しているのだから、どのようなロボットを使うかとはまったく関係なく、その形状を計測してモデル化すればよい気がする。しかし実際には、ロボットの足裏の大きさに気をつけながらモデル化しなければならない。足裏に対して、あまりに細かい凸凹は、モデル化する必要がほとんどない。一方で、詳細なモデル化をさぼって、荒っぽいモデルをつくってしまうと、足がどこで地面と接触するかを正確に知ることができなくなってしまう。足部のつま先が地面に引っかかるかもしれない、などと考えると、床の凸凹をどの程度まで細かくモデル化するかについて、具体的な指針を見つけ出すことは難しい。

では、どんなロボットを使っても対応できるように、環境の幾何学を十分に細かくモデル化すればよいではないか、と考えるかもしれない。しかし、ロボットを想定しない環境のモデル化は、実際に存在する環境の物理的成分のどこが、もっともロボットの行動決定に重要であるかを考えないために、どの程度まで複雑化すればよいかの指針を与えないので、結果的にいたずらにモデルを複雑にし、しかも肝心な要素を考察している保証がない。不必要なところまで過度に詳細になってしまうと、そのモデルを用いた安定解析が非常に困難になってしまい、モデル化をしたこと自体の意味が薄れてしまう。

ロボットハンドによる対象物のつかみについても、同じような問題が起こる。対象物の形をどの程度まで複雑にモデル化するか、という問題である。ロボットハンドについては、何十年も前から、このような問題を回避するための、モデルベーストの人たちにとっての具合のよい仮定が存在する。「指の先端は、対象物と点で接触する」というのがそれである。この仮定があれば、ロボットの指の大きさを問題とせずに、対象物の幾何学をモデル化することができる。

指先が柔らかく、広がりを持っているほうが、対象を確実につかむことができるし、指先が回転力を発生できるので、少ない本数の指で、対象を安定につかむことができるが、その一方で、その指先の広がりに応じて、対象（＝環境）のモデルを変える必要が出てくる。学生のころに、読んだロボットハンド関連論文のほとんどが、指先の点接触を仮定しており、指先を柔らかくするだけで、より広範の対象物を安定につかむことができるのに、なぜそれをしないのかについて疑問を持ったこともあるが、指先が点接触であるという仮定を置くことで、数学的な記述が簡単になり、しかも、ロボットと対象を分離してモデル化できるからであると理解したのは、ずいぶんあとになってからのことだった。

このように、ロボットの振る舞いは、（制御を含む）ロボット自身の身体と、環境の相互作用によって生まれる。そのため、使われるロボットを想定しなければ、環境だけを計測してモデルをつくることは、一般にはできない。その振る舞いをくわしく調べるためには、ロボットと、環境を分離して考えることができない。環境のモデル化のためには、システム全体を知る必要がある。

7・3 繰り返し実験による未知環境への適応性評価

複雑で不定な環境をモデル化できるか

ロボットの適応性を定量的に評価するためには、環境を何らかの形でモデル化する必要がある。しかし、家庭環境や不整地など、複雑な環境下において、環境の未知成分をモデル化することは非常に難しい。制御分野では、ノイズを確率的にモデル化し、真の信号を推定するような「カルマンフィルター」と呼ばれる状態推定法がある。この推定法によって環境の未知成分を確率によってモデル化し、そのモデルを使ってロボットの性能評価をすることも考えられる。しかしながら、家庭環境における対象物のバリエーションや、不整地の路面状況を確率によってモデル化できる範囲は限定的であろう。さらに問題を難しくしているのが、ロボットの適応的な振る舞いを評価するには、環境は、ロボットと独立にモデル化されるのではなく、ロボットとの相互作用を織り込んでモデル化されなければならない、ということである。

モデルベーストロボティクスが得意なのは、自由空間内で、ロボットがほかのものと接触せずに動き回るなど、不定な環境をモデル化する必要がない場合である。環境と接触して作業する力制御などについても、たとえば、ハンドの研究で指先の点接触を仮定していたように、ロボットと環境の干渉を最小限にとどめることができれば、モデル化できる範囲内でのみ、議論することができた。しかしこれでは、家庭内環境での見知らぬ物体の操作や、不整地歩行などの適応的行動を議論することはできない。この問題は長い間、私をずいぶん悩ませてきた。ロボットの適応性を測るためには環境は既知でなくてはならず、未知の環境への適応性は原理的に定量化できないことになるからである。

この問題に対して考えられるアプローチは、実際にその複雑な環境内で、ロボットを何回も動かし、比較実験を通して統計的な結果を得る、という方法である。この方法は、ロボットの実験という意味では目新しく聞こえるかもしれないが、人間についての知見を得るために行われる、人間の観察実験とまるで同じ方法である。ロボットは人の手で設計されたものであるので、動かさなくてもその性能は評価できる、と考えられるのが一般的であるが、未知環境への適応性については、人間と同じように、動かしてみて（動いてみて）統計的に評価する以外の方法がない。簡単に言うと、実際の環境内で何度も試行を繰り返し、その結果、統計的に得られるデータには、環境の未知の成分が勘案されているため、環境（とその未知成分）を、正面からモデル化する必要性から逃れられる。

環境のゆらぎに対応するための繰り返し実験

もう一つ、実環境での繰り返し実験には意味がある。第6章で議論した、反射を備えた二足ロボットの跳躍の実験について、ふたたび考えてみよう。この実験では、足首の筋の伸張反射が、ロボット全体の安定性にどの程度寄与するかを調べるために、何百回も跳躍試行を行った。その実験回数の多さは、伸張反射がもたらす安定化の効果があまり強力ではなく、ほかの制御則との緩やかな結合において、安定化する「傾向がある」ことを見つけ出すためである、と説明した。実は、実験回数の多さには、ここで議論しているように、環境としての床面の変化に対する適応性を保証する、という意味合いもある。

ロボットは、空中から地面に落下し、地面からの反力を受けると、人工筋の働きによって跳躍を始める。ロボットが落下するとき、毎回、完全に同じ初期値から落ちるわけではない。その結果、地面と接触するときのロボットの姿勢は、いつも違う。ロボットから見れば、跳躍するときの床面の角度と重力方向は、いつも少しずつ違うということである。このようなゆらぎは、もちろん実験結果に一定のゆらぎを生み出すことになる。ロボットが適応的であることを示すには、このようなゆらぎにもかかわらず、跳躍が安定化する傾向があることを示す必要がある。実際この実験では、着地のときのロボットの姿勢と、離床のときのそれを記録しておき、反射が存在するときには、離床のときの角度が、より垂直に近くなる傾向があることを示している。多数の実験結果を利用すると、初期値や環境のゆらぎにもかかわらず、定量的に適応性を評価できていることが、わかっていただけるだろうか。

緩やかな坂を一切の制御なしに歩くことができる、受動歩行ロボットについても触れておこう。ロボットは、ある適当な初期の姿勢、速度でスタートしたときに、安定に坂を下り続ける。

マックギールの実験では、実験者（マックギールやその学生）が、ロボットがうまく歩き始めることができるように、遊脚、支持脚を支え、適当な初速度を与えている。もちろんこういう方法では、毎回正確に同じ初期速度をロボットに与えることはできない。また床面も、実験ごとに毎回ロボットの足の着く位置とその特性が、微妙に違うはずである。

このような、初期条件のゆらぎや床面の変化にもかかわらずロボットが歩くことができるのは、ロボットの身体と環境である床がうまく設計されていて、歩行が安定になる初期姿勢と初速度の領域がある程度広いからである。そしてこれらの実験結果から、たとえば、衝突の瞬間のロボットの各関節の角度を記録しておき、ある衝突と次の衝突の間に、この角度がどのように変わるかを調べることによって、ロボットの安定性を定量的に評価することができる（「ポアンカレマップによる解析」と呼ばれる方法である）。多数の実験結果から、床面の変化を数式化しなくても、あるいは、初期値を完全にコントロールしなくても、何回も実験を繰り返すことによって、受動歩行が持つ安定性を示すことができるという点で、この実験は非常に興味深い。

現実世界で試行回数を増やして、環境のゆらぎを十分に取り入れた実験を行い、環境を形式的にモデル化することなしに適応性を示す、というアプローチについて見てきたが、現実には、小さな仮説を検証するために、わざわざロボットをつくり、時間をかけて実験するのは大変である。そこで、実際に実験をする代わりに、コンピューターによってシミュレーションすることも考えてみよう。これはロボット研究の分野では、一般的に行われていることである。

7・4 コンピューターシミュレーションの功罪

実験に比べ、コンピューターシミュレーションには、さまざまな利点がある。実際にロボットを試作する必要がなく、材料などのコストがかからない。ロボットを設計するテクニックもいらなければ、修理などのメインテナンスもいらない。脚の長さや、重さなどの動特性を少し変えたいといったパラメーター変更が非常に簡単で、さまざまな設定を気軽に試すことができる。ロボットを実際につくろうとすると、それを動かすためのモーターをカタログから選定しなければならない。適当な値段と納期で手に入るものの中から、要求する仕様を満たすものを選ぶのは大変難しい問題だし、そもそも手に入るモーターの性能の限界から、逆に設計自体が変わってしまうことだって少なくない。これが、モーターに限らず、センサーなど、ほかの部品すべてにも言える（だからこそロボットを設計できる人間は重宝されるのだが）。こういった、実験装置をつくるためには避けて通れない設計問題を、シミュレーションの場合には考える必要がまったくない。この意味でシミュレーションは、手に入る技術の制約から自由である。

シミュレーションの利点

実験をするには、装置を用意する時間がかかるだけではなく、実験そのものにも時間がかかる。ロボットを、試行のたびに初期の位置に動かしてセットし、実験を始める。実験自体は、「実時間」で動くので、一〇〇秒の動きの実験であれば一〇〇秒の時間がかかる。シミュレーションであれば、ロボットを初期位置に移動するのは一瞬だし、それを動かすコンピューターの速度によっては、一秒の間に、一〇〇秒の試行を何万回も模擬することも可能である。

それだけではない、シミュレーションの場合、運動の仮想的な拘束もまた容易である。ロボットの三次元空間内での運動のうち、ある方向の運動だけを調べたい場合、実験ではさまざまな工夫が必要だが、シミュレーションならば、対象となる運動のみを考慮することは造作もない。前章で取り上げた、跳躍ロボットの例を使って説明しよう。

人間の下肢の筋骨格構造の役割を調べるために、跳躍ロボット空脚Kは、筋骨格の矢状面内の構造をコピーしてつくられた。もちろん、人間の筋骨格構造は、矢状面内だけに収まらない複雑な三次元構造をしているが、あまりに複雑な構造をすべて模倣してロボットをつくってしまうと、それらの機能と役割を明らかにすることがきわめて難しくなるため、単純な構造から始めて、漸次的に複雑さを増したほうがよい、という点については、すでに何度も触れたところである。

このような筋骨格構造を持つ脚を二本備えた、人間型のロボットをつくると、どうしても左右方向に揺れる。左右の脚を完全に同期させて跳躍することは、現実的には不可能だからである。したがって矢状面内の挙動を調べるための実験をするには、ロボットが左右に揺れないような支えを付けるなどの工夫をする（実際に、跳躍ロボットをつくっているほかの研究者は、ロボットを摩擦の少ない板でサンドイッチしたり、レールをつけるなどして運動を平面内に拘束しているケースが多い）か、あるいは、われわれが空脚Kでそうしたように、一本脚にしてしまって、そもそも左右方向に跳ばないようにする、といった工夫が必要である。しかし、シミュレーションで調査する場合には、矢状面内の運動のみを簡単に取り出すことができる。矢状面内の構造のみをモデル化して、その面内だけの運動をシミュレートすればよいだけである。このように、実験と比べてシミュレーションには、さまざまな利点が存在している。

シミュレーションへの違和感

これらの、無視できない多大な利点にもかかわらず、本書ではここまで一度もシミュレーションの話題について触れていないことに、読者はお気付きだろうか。実は、一連のヒューマノイドに関する研究では、われわれは基本的にシミュレーションを行っていない。シミュレーション研究では、ヒューマノイドロボットの適応的行動を生み出すことはできないと考えているからである。このような考えに至った発端は、私が受動歩行関連の研究を始めたころ、最初に行った運動シミュレーションにあった。

最初に、受動歩行ロボットに興味を持ったときは、さすがに、いきなりロボットをつくって試してみるという蛮行には出なかった。どんな大きさで、どんな重さなら歩きやすいか、どんな足裏の形がより安定性が増すかなどを、まずは運動シミュレーターをつくって確かめようとしたのである。シミュレーションに関する、きわめてオーソドックスな考え方であった。膝がある二足の受動歩行ロボットの運動方程式は、複雑ではあるが難しくはない。

二、三日でプログラムを組んでシミュレーションを始めるにあたり、まず、初期のロボットの姿勢と、初期速度をどのように与えればよいかについて考え始めたとたん、違和感を持った。受動歩行を始める条件としては、適当な初期姿勢と、初期速度をロボットに与えることが必要になる。シミュレーションでは、たとえば、小数点以下四桁の速度をロボットに与えて、三歩目に転倒することがわかったときに、五桁目を微調整することで、四歩目をうまく歩かせることができる、という現象に遭遇する。実は、受動歩行ロボットは、床との衝突という、折り返し現象（たとえば、速度が瞬時にして反転するような現象）を持つカオスシステムであり、初期値の非常に小さな差異が、大きな運動の変化につながる。シミュレーションでは、小数点以下五桁、六桁を調整することは造作ないが、実際のロボットを歩かせるために、小数点以下五桁の精度で速度を再現することなど不可能である。初期値の小さな差異が運動に大きく影響するようなシステムで、初期値を調整してロボットを歩行させるシミュレーションなど、実現可能性を無視した机上の空論である。

さらに、このシミュレーターに改変を加え、ロボットに一瞬だけ駆動力を加え、あとは自由振動を利用するような、受動的歩行ができるかどうかについて調べてみた。シミュレーションでは、ある関節に一瞬だけトルクを加えて、あとは自由振動するように関節を完全にフリーにすることは、とても簡単である。しかしその結果を使ってロボットを実際につくろうとした瞬間、このような機能を実現するモーターを選ぶことの難しさに気が付く。われわれは、受動的歩行を実現するために空気圧人工筋を使ったが、実際その解にたどり着くまでに数年を要したことは先にも述べた。そして、この空気圧人工筋は、動特性が非常に複雑で、摩擦によるヒステリシスが強く、シミュレーション結果を直接反映した実験を行うことがきわめて難しい。

そして、シミュレーターが適応的行動を生み出さないのではないかという疑念をもっとも如実に示すのは、シミュレーターに使われる環境のモデルである。シミュレーターはその性質上、ロボットそれ自身だけでなく、環境の動特性をモデル化する必要がある。しかし、環境のモデルは、ロボットの特性が決まらなければ両者の相互作用がわからないので、合理的につくれないことは、すでに議論している。たとえば、受動歩行のシミュレーターの場合、床をばねとダンパーの組み合わせとしてモデル化することが一般的であるが、これらの特性係数をどのように決めればよいかは、どの教科書にも載っていない。受動歩行ロボット自体の特性が決まらないと、床の特性をどのように決めればよいかがわからないからだと言ってもいい。そして、ロボットの適応性を示すには、床の特性とは独立なロボットのモデルを作成し、そのモデルが、どの範囲の特性の床を歩行できるかを調べる必要があるが、本来、床の特性の範囲が決まらなければ、ロボットのモデルも決めることができない、という矛盾を生じる。

限界のある環境のゆらぎへの対応

もちろん、ロボットの運動シミュレーターがすべからく役に立たない、という議論をしているのではない。ロボットの状況次第では、シミュレーションは、先に述べたように非常に強力なツールである。ただ、ここで説明したように、環境にゆらぎがあり、かつそれをモデル化せずに試行を繰り返すことによって、ロボットの適応性を示すこととは、どうも相性が悪いと考えざるを得ない。

ちょっと気が利く人なら、このようなゆらぎなどの設定をすべて考慮し、考えうるすべての空間自由度を持ったシミュレーターを組めば、これらの問題は解決するのではないか、と思われるかもしれない。しかし、そのように十分に複雑なシミュレーターを構成するには、多大な時間と技術を要するし、環境を記述するモデルが、ロボットの振る舞いを決める重要な要素を見落とさないように注意しなければならない。そして、何が重要であるかは、実際わかっていない場合がほとんどである。その結果、たいていの場合、自分の見たいものを見るだけのシミュレーターをつくってしまう。

また、シミュレーションの中だけで仮想的なロボットを扱ってしまうと、それを実現するための現状の技術などについての視点がつい失われ（たとえば、無限の出力を出すモーターを仮定してしまうなど）、家庭環境などゆらぎの大きい環境では、実現できないような解についてのみ考えてしまう可能性がある。何よりシミュレーションでは、二次元しか考えなければ二次元の運動しか生じない。二次元のシミュレーションをやっている限り、がに股が興味深い、という直感を得ることが難しいのではないか、と思えるのである。

7・5 繰り返し実験と適応性を生み出す並列性

繰り返し実験による適応性の証明に話を戻そう。

本章では、環境のゆらぎをモデル化しないで、ゆらぎに対する適応性を証明する方法として、実環境での繰り返し実験をするべきだ、という主張をしてきた。環境とロボットの相互作用が容易にモデル化できる場合には、実験はそのモデルの検証に過ぎない。実験における結果のゆらぎは、外からくるノイズであったり、モデル化誤差であったりするだけで、実験を繰り返すことにあまり意味はない。したがって、このような実験を行った場合には、もうまくいったデータを一つ示すことで事足りる。一方、環境のゆらぎをモデル化せずに実験を繰り返すことは、実験によって、ゆらぎ込みのシステムが統計的にうまく動くことを示していることに相当する。実験を繰り返すことは、環境のゆらぎを、ロボットによって測っている、というイメージだろうか。したがって、それには多数の試行を要する。

多数の試行を繰り返すことには、ゆらぎに対するロボットの応答を見いだすほかに、実はもう一つ重要な役割がある。適応的な行動を実現する多重プロセスのうち、一つあるいはわずかのプロセスの有効性を示すためには、多数の実験を通して統計的に検証しなければ、その効果を「浮き彫り」にすることが難しいのである。環境変化に対応できる柔軟な知能を実現するためには、多重プロセスの緩やかな結合が必要なのではないか、と前章で述べた。跳躍の安定性を実現するために、伸張反射、三半規管による姿勢制御、視覚による姿勢制御などのプロセスが、多重に動いているという説明をしたことを、思い起こしていただきたい。

ここで、伸張反射だけを取り出して実験による検証をしようとすると、跳躍という振る舞いを生み出すために必要な制御のうち、一部だけの効果を示すことになる。したがって、このプロセスだけで完全にバランスが取れるのではなく、バランス制御の一部のみが実現される。これを実験的に示すには、このプロセスがある場合とない場合について、安定性がどの程度変化するかを見なければならない。伸張反射は全体の制御の一部であるため、その効果もまた、劇的というよりは限定的であり、小さすぎて見えにくいこともある。そのときに、本当にそのプロセスが有効であるかを検証するには、多数の実験を通して統計的に検証するしか方法がない。緩やかに結合した多重プロセスが、人間（を含めた生物）の適応性の原理であるとすると、その一つ一つをそれぞれ検証していくには、実環境における多数の試行を繰り返し、統計的に有効性を検証する必要がある。

おわりに——動き続けるロボットをつくるために

本書では、どうしてヒューマノイドが柔らかくなければならないか、柔らかさは、ロボットの「人間らしさ、生物らしさ」に何をもたらすか、を見てきた。各章ごとに細かい知見や実験結果、そしてロボットを紹介してきたが、私の現在のところの一番の目標は、「動き続けるロボットをつくる」ことである。ロボットが世に出てから数十年が経ち、技術の向上とともにロボットも壊れにくく、そして長い時間動くことができるようになってきた。しかし、人間に比べると、身体の部位の故障（欠損）に対しては、やはりまだ弱く、ちょっとした断線やコンピューターの不具合などで、あっという間に動かなくなる。人間が、けがや病変などを経ても、ほぼもとの行動を取り戻すことができる裏には、これまでのロボットとは違う根本的な原理の違いが存在するのではないか、と思えてならない。

本書はこのような問題に対して、私がこれまでどのように考え、試してきたかの集大成である。これまでのロボットは、各モジュールが「分割統治」によって設計された巨大システムがあり、モジュールのうち一つが壊れると全体が止まってしまうような、「直列」につながったシステムなのではないだろうか。モジュール一つ一つの信頼性が、たとえ九〇パーセントでも、一〇個のモジュールが直列になれば、全体の信頼性は、なんと三四パーセントまで下がる。モジュールの数が増えれば増えるほど、動かないロボットになってしまうのだ。

もちろんこれまでも、ロボット研究者はこぞって、全体の信頼性を上げるための努力をしてきた。その結果、各社の大型のヒューマノイドも実現されるに至っている。しかし、このようなモジュールを、直列ではなく並列に扱うことができれば、信頼性は掛け算ではなく、足し算となり、動き続けることができるようになるのではないか、と思われる。要は、どのようにして並列を実現するか、である。

第6章で述べたように、ロボットが動き続けるためのプロセスを並列化するには、プロセスどうしの関連をきちんと記述するのではなく、緩やかな結合として全体のシステムを設計することが必要であり、柔らかい身体は、このような緩やかな結合を実現するために、必要不可欠なのではないか、と考えている。つまり、身体の柔らかさは、人間のもっとも重要な知能的行動である「動き続けること」を実現するために必要不可欠なのである。本書のタイトル、「柔らかヒューマノイド」には、このような思いが詰まっている。

単に身体を柔らかくすればよいものではない。そして、身体が柔らかければ、これまでの硬いロボットの常識や、評価、そしてそれに対する研究の進め方も根本的に異なってくるのではないか。そう思って、これらの問題に対する、私なりのアプローチ、生物模倣、漸次的な複雑化、そして実験による検証方法を、たくさんの例と実際につくってきたロボットを示しながら説明してきた。

まだまだ人間（生物）の身体には、多くの謎や知見があり、それを使ったロボットについての研究は進んでいる。本書を書き始めた三年前とですら、私の考えも変わり、さらに多くの知見を得つつある。学会でもソフトロボティクスの潮流が大きなうねりになろうとしているこのときに、これまで私とスタッフ、学生たちで考えてきたことが、今後のヒューマノイド研究の道標になればよいと思う。

柔らかいロボットの研究はまだ始まったばかりで、われわれがしてきたように、場当たり的で実験的、理論に合わないなど、依然さまざまな批判がある。しかしそもそも、ロボティクスにも物理学のように統一的原理が存在するのか、それとも、アドホック、行き当たりばったりの方策しか存在しないのかは、まだ誰にも言えない。ひたすら事例を重ね、実験を重ねてそれを地味に検証していくしかないのではないかと考えている。人間の身体の構造も、進化の過程で、地味に体の各部を突然変異によって変更し、場当たり的に適応してきたと想像すると、こういう泥臭い方法でも、新しい発見につながっていくのではないかと思っている。

本書は、二〇一三年に、化学同人の津留貴彰さんが、私のところに一通の手紙を送ってきてくれたことから始まっている。それからちょうど三年。この間、ヒューマノイドロボットのシーンは大きく変化した。二〇一四、一五年には、アメリカ国防総省主催のロボティクス・チャレンジが行われ、それまでに開発されたヒューマノイドロボットの能力と限界を見た。また、日本から参戦したロボットベンチャーがグーグルに買収されるなど、ヒューマノイド研究が、これまでのように日本が主導しているとはいえない状況になっている。ちょうどこのタイミングで書籍が出版されることになったのは、偶然の一致ではないのではないかと思う。本書を読んで、ロボットを柔らかくすることが、ちょっとした設計変更というのではなく、思想を転換することなのだ、ということについて、よりたくさんの読者が気付いていただければ、望外の喜びである。

本書を書き上げるにあたり、本当にたくさんの人のお世話になった。博士課程では、京都大学の吉川恒夫先生に大変お世話になった。モデルベースト制御の何たるかを理解できたのは、先生のおかげである。博士課程を終えた直後の私を、ロボットをつくれるという理由で採用してくださった浅田稔先生、「細田君のやることは堅いけど、面白味に欠けるな」と言われたのを、昨日のことのように思い出す。少しは面白いと思って読んでいただけるだろうか。スイス・チューリッヒ大学（現大阪大学特任教授）のロルフ・ファイファー先生には、本当に、さまざまな面でお世話になった。彼の著書を日本語訳することが、私の業績になるだけではなく、考え方自体も大きく変えることになろうとは、最初にその仕事を請け負ったときには想像もしなかった。

研究は、もちろんタダで進められるわけではない。とくに、実験的ロボティクスを進めるためには、多数のロボットの試作と実験が必要であり、そのためにはある程度の予算が必要であった。本研究を支えてくれた、科学技術振興機構ERATO浅田共創知能プロジェクト、文部科学省科学研究費特定領域研究「移動知」、文部科学省科学研究費基盤S「屍体足・人工筋骨格ハイブリッドロボットによる二足歩行の適応機能解明」、文部科学省科学研究費新学術領域「身体システム」ほか、多数の研究予算、援助に対して感謝を表する。

本を書くという行為は、これまでに蓄積してきた自分自身をすべて出すことなのだ、というのを、今回の執筆で痛感した。これを支えてくれたすべての方々に感謝したい。全員の名前を上げると本がもう一冊書けてしまうほどになるので、ほんの一部の方々の名前しか挙げることはできないが、これまで私と一緒に研究を進めてくれた、荻野正樹君、田熊隆史君、多田泰徳君、成岡健一君、白藤翔平君ほか多くの学生諸君、清水正宏先生、池本周平先生、安永美樹さんほかスタッフの方々、自分をこれまで支えてくれた両親、妻、二人の子供たち、「愛犬」パスカルに感謝の意を表したい。本当にありがとう。

細田　耕

細田　耕（ほそだ・こう）

1965 年、大阪府生まれ。93 年、京都大学大学院工学研究科博士課程修了。大阪大学工学部助手、同大学工学研究科助教授、同大学情報科学研究科教授などを経て、現在、大阪大学大学院基礎工学研究科教授。博士（工学）。

専門は、ロボティクス。おもな研究内容は、生物を規範としたロボットによる適応的な運動知能に関する構成論的研究。

訳書に、『知の創成』、『知能の原理』（いずれも共訳、共立出版）がある。

DOJIN 選書　070

柔《やわ》らかヒューマノイド　ロボットが知能《ちのう》の謎《なぞ》を解《と》き明《あ》かす

第 1 版　第 1 刷　2016 年 5 月 20 日

検印廃止

著　　者　細田　耕
発 行 者　曽根良介
発 行 所　株式会社化学同人
600 - 8074　京都市下京区仏光寺通柳馬場西入ル
編集部　TEL：075-352-3711　FAX：075-352-0371
営業部　TEL：075-352-3373　FAX：075-351-8301
振替　01010-7-5702
http://www.kagakudojin.co.jp　webmaster@kagakudojin.co.jp

装　　幀　BAUMDORF・木村由久
印刷・製本　創栄図書印刷株式会社

ISBN978-4-7598-1670-9